THÉORIE

DES

ANOMALIES OPTIQUES

DE L'ISOMORPHISME ET DU POLYMORPHISME

déduite des Théories de MM. Mallard et Sohncke

PAR

FRÉD. WALLERANT

(Extrait du *Bulletin de la Société française de Minéralogie*, livraison de novembre 1898.)

TOURS

IMPRIMERIE DESLIS FRÈRES

6, RUE GAMBETTA, 6

1898

Théorie des anomalies optiques, de l'isomorphisme et du polymorphisme,

déduite des Théories de MM. Mallard et Sohncke

Par FRÉD. WALLERANT.

INTRODUCTION.

A peu près à la même époque, Mallard et Sohncke, étudiant les propriétés optiques des cristaux et, en particulier, la polarisation rotatoire, arrivaient à cette conclusion que la théorie de Bravais ne suffisait pas à expliquer les propriétés de certains corps cristallisés et qu'il fallait admettre dans ceux-ci une diversité d'orientations des molécules en contradiction avec la définition de l'homogénéité donnée par Bravais.

Quoique partant du même point, ces deux savants suivirent deux voies tout à fait différentes. M. Sohncke, se plaçant plus particulièrement au point de vue théorique, élargit la définition de l'homogénéité et posa les bases d'une nouvelle théorie de la structure cristalline, qui doit être considérée comme une généralisation de la théorie de Bravais. Mallard, au contraire, s'adonnant à l'étude des cristaux eux-mêmes, recherche quelles sont les structures qui permettent d'expliquer leurs propriétés, et il est amené ainsi à établir ses théories, relatives aux macles, au polymorphisme et aux anomalies optiques. A première vue, les résultats auxquels arrivent les deux auteurs peuvent paraître en contradiction, surtout si l'on s'en tient aux premières publications de Mallard, où la théorie de Bravais sert toujours de point de départ aux explications théoriques. Mais, si, allant au fond des choses, on fait abstraction des légères différences qui doivent forcément exister dans les œuvres de deux hommes ayant travaillé séparément, on voit facilement que leurs résultats se prêtent un appui mutuel des plus complets. La théorie de Sohncke apporte aux résultats de Mallard un caractère de généralité qu'ils n'auraient pas sans elle et, d'autre part, en constatant dans les cristaux les structures prévues par la théorie de Sohncke, Mallard donne à celle-ci une consécration qui lui manquait.

Malgré cette concordance, la théorie de Sohncke a été développée et complétée depuis avec beaucoup de talent par MM. Schœnfliess et v. Fedorow, tandis que les idées de Mallard étaient, il faut bien le reconnaître, complètement abandonnées à l'Étranger. Cet abandon provient, je crois, de ce que Mallard, tout en modifiant progressivement ses idées, les a toujours présentées sous la même forme et a caché ainsi la véritable portée de ses dernières théories, les seules à retenir. Considérons, par exemple, le cas du polymorphisme. Dans son mémoire de 1876, Mallard considère la forme symétrique comme résultant du groupement intime de plusieurs cristaux de la forme dissymétrique. Dans ce groupement, ces derniers conservent leur individualité et, par suite, de leurs propriétés physiques, on peut déduire celles de la forme symétrique, au moyen des formules établies par l'auteur lui-même.

Cette théorie primitive était parfaitement coordonnée dans toutes ses parties ; malheureusement elle ne concorde pas avec la réalié des faits et, à son sujet, Mallard s'exprime de la façon suivante dans *la Revue scientifique* de 1887 :

« Cette hypothèse ne peut cependant être adoptée sans qu'on lui fasse subir de profondes modifications. L'observation montre, en effet, que la calcite est une individualité cristalline distincte de celle de l'aragonite. La calcite possède des clivages, l'aragonite n'en montre pas ; la densité de la première est de 2,7, tandis que celle de la seconde est 2,85.

Entre l'aragonite et la calcite il existe donc un fossé profond que ne semblent pas pouvoir combler les groupements même multipliés de l'aragonite. »

Pour combler ce fossé, Mallard admet que la molécule d'aragonite perd son individualité dans la calcite ; en outre, quoiqu'il n'indique pas son opinion sur ce point, il est facile de voir que le réseau de l'aragonite ne peut se conserver. Mais, si les éléments, molécule et réseau, caractérisant l'aragonite ne subsistent pas dans la calcite, il n'y a plus lieu de parler de groupements de cristaux d'aragonite ; il faut rechercher directement les groupements d'éléments de carbonate de chaux capables de produire, d'une part, l'aragonite et, d'autre part, la calcite. En réalité, c'est ce que fait Mallard dans sa nouvelle théorie, tout en conservant la forme d'exposition de la théorie primitive, ce qui l'empêche de donner la solution complète et l'amène à dire :

« Il n'est pas d'ailleurs possible que le groupement que nous avons choisi comme le plus simple pour rendre compte du passage du nitre, de la forme rhombique à la forme rhomboédrique, soit précisément celui que réalise la nature. En effet, après ce groupement, si la particule a bien acquis un axe ternaire et trois plans de symétrie passant par cet axe, elle n'a pas acquis, comme il le faudrait, un centre et trois axes binaires. Il est d'ailleurs possible, et même jusqu'à un certain point vraisemblable, que la forme rhombique du nitre soit une forme déjà obtenue par groupement d'une autre forme clinorhombique ou même anorthique encore inconnue. »

On voit donc que Mallard a progressivement modifié ses idées, tout en leur conservant leur forme première et qu'il est arrivé jusqu'à la solution du problème, mais sans pouvoir la formuler. A cette époque, en effet, les mathématiciens et cristallographes, MM. C. Jordan, Sohncke, Schœnfliess et

v. Fedorow, n'avaient pas encore publié leurs beaux travaux, ou, tout au moins, ne les avaient pas mis au point en ce qui concerne la cristallographie, et le problème ne pouvait être que posé. Aujourd'hui, au contraire, quelques mots suffisent pour déduire des travaux précédents une explication du polymorphisme, des anomalies optiques et de l'isomorphisme.

Je commencerai donc par exposer à grands traits les principes des théories de MM. Sohncke et Schœnfliess, en les mettant plus en harmonie avec l'ordre d'idées adopté en France.

En s'appuyant sur les propriétés physiques des corps cristallisés, on arrive, en dernière analyse, à les considérer comme constitués d'éléments tous semblables, mais souvent de deux sortes, les éléments d'une sorte étant superposables entre eux et symétriques des éléments de l'autre sorte. Ces éléments ne possèdent aucune symétrie ; autrement dit, il n'existe pas, à l'intérieur d'un élément, deux points autour desquels la matière soit également répartie. On peut leur donner le nom de *particule fondamentale* qui rappelle l'expression de *domaine fondamental* employée par M. Schœnfliess pour en désigner la représentation géométrique.

Deux points appartenant à deux particules fondamentales orientées parallèlement sont dits homologues, si la matière est semblablement répartie autour d'eux à l'intérieur des particules, et la structure des corps cristallisés est telle, par définition, que si, par deux points homologues on mène deux droites égales parallèles et de même sens, les extrémités de ces droites sont deux points homologues entre eux. Il résulte de cette définition que la matière est également répartie autour de deux points homologues à l'intérieur du corps cristallisé, que tous les points homologues d'un point donné coïncident avec les nœuds d'un système réticulaire, qui ne varie ni en grandeur, ni en orientation, quand on passe d'un point à un autre et que, par suite, toute translation égale et parallèle à une rangée de ce système réticulaire ramène le corps en coïncidence avec lui-même.

Un corps ainsi constitué peut présenter des éléments de symétrie qui sont :

1° Les centres ;

2° Les plans, de deux sortes : les uns, plans de réflexion, qui ne sont que les plans de symétrie dans le sens habituel du mot ; les autres, plans de glissement, sont des plans de réflexion auxquels s'ajoute une translation qui leur est parallèle ;

3° Les axes, de deux sortes : les axes de rotation dans le sens habituel du mot, et les axes hélicoïdaux, axes de rotation accompagnés d'une translation qui leur est parallèle (1).

On se rend compte sans difficulté qu'un plan ne peut être un plan de symétrie d'un corps cristallisé que s'il est parallèle à un plan de symétrie de son système réticulaire, et, dans le cas d'un plan de glissement, la translation doit être parallèle à une rangée et égale à un nombre entier de fois le demi-paramètre de cette rangée.

De même, une droite ne peut être un axe de symétrie d'ordre n que si elle est parallèle à un axe de même ordre du système réticulaire, et, dans le cas d'un axe hélicoïdal, sa translation doit avoir une des valeurs $\frac{ma}{n}$, a étant le paramètre de l'axe du système réticulaire, et m étant un nombre entier plus petit que n.

On voit donc que les éléments de symétrie du système réticulaire régissent les éléments de symétrie du corps cristallisé, comme dans la théorie de Bravais.

Mais il est bien évident que si un corps cristallisé pos-

(1) Au point de vue cristallographique, il n'y a pas intérêt à faire intervenir le Spiegeldrehaxe des mathématiciens.

sède un élément de symétrie, il en possède une infinité de même nature, que l'on obtient en combinant l'élément donné avec les translations du réseau, et ensuite en combinant entre eux les nouveaux éléments obtenus.

Je ne ferai qu'indiquer les principaux résultats auxquels conduisent ces combinaisons.

Théorème. — Si un corps cristallisé possède un centre C, il en possède une infinité, qui sont les nœuds de huit réseaux ayant pour origine, l'un, le point C, et les autres, les milieux des droites joignant C aux sept autres sommets de la maille du réseau ayant C pour sommet.

Théorème. — Si un corps cristallisé possède un plan de symétrie, il en possède une infinité parallèles entre eux et équidistants. Cette distance commune est la moitié de la distance de deux plans réticulaires limitrophes parallèles au plan de symétrie.

Théorème. — Si un corps cristallisé possède un axe de symétrie, il en possède une infinité d'autres du même ordre qui sont les rangées parallèles à l'axe du réseau ayant pour origine un point quelconque de l'axe.

Théorème. — Soient : A, le point d'intersection d'un axe d'ordre n avec un plan perpendiculaire ; AB, la projection sur ce plan d'une rangée du réseau ayant A pour origine ; le corps possède une infinité d'axes d'ordre n parallèles à l'axe donné, coupant le plan en des points ayant pour coordonnées polaires relativement à l'axe AB :

$$\omega = \frac{\pi}{2} \pm \frac{\pi}{n}, \qquad \rho = \frac{AB}{2 \cdot \sin \frac{\pi}{n}}.$$

La translation de ces axes est égale à la somme de la translation de l'axe donné et de la projection sur cet axe de la rangée se projetant suivant AB.

Théorème. — Soient A_1A_2 les points d'intersection de deux axes parallèles d'ordre n avec un plan perpendiculaire, par le point ayant pour coordonnées polaires :

$$\omega = \frac{k_1\pi}{n}, \qquad \rho = A_1A_2 \frac{\sin \frac{k_2\pi}{n}}{\sin (k_1 + k_2) \frac{\pi}{n}},$$

dans lesquelles k_1 et k_2 sont des entiers astreints à la condition $k_1 + k_2 < n$, passe un axe d'ordre $\frac{n}{k_1 + k_2}$ dont la translation est la résultante des translations des axes donnés.

Théorème. — Soit un corps cristallisé ayant un axe de symétrie d'ordre n, de translation T, et un axe binaire perpendiculaire, de translation t et à une distance a du premier axe.

Si n est impair, le corps possédera $n - 1$ autres axes binaires, de même translation t, perpendiculaires à l'axe principal, à une même distance a de cet axe, faisant entre eux des angles égaux ; et la distance de deux axes binaires consécutifs, mesurée parallèlement à l'axe principal, sera égale à la translation de ce dernier.

Si n est pair, les axes binaires précédents deviennent parallèles deux à deux ; et parallèlement à la bissectrice de deux axes consécutifs il existera un axe binaire perpendiculaire à l'axe principal distant d'un axe binaire consécutif de $\frac{T}{2}$, distant de l'axe principal d'une longueur égale à la moitié de la résultante des projections sur leur commune perpendiculaire des longueurs $2a$ et t, et ayant pour translation la résultante des projections des mêmes longueurs sur sa direction.

Théorème. — Si un corps cristallisé possède un axe de symétrie d'ordre pair perpendiculaire sur un plan de symétrie, il possède un centre situé dans le plan passant par les deux translations et ayant pour coordonnées dans ce plan les moitiés de ces translations prises avec leur signe.

Théorème. — Si un corps possède un axe d'ordre n, de translation T, et un plan de symétrie de translation t, parallèle à l'axe et à une distance a de cet axe, il possède par cela même $n - 1$ autres plans de symétrie de translation t, parallèle à l'axe et à une distance a de cet axe.

Si n est impair, tous ces plans sont distincts, et deux plans consécutifs font entre eux un angle égal à $\frac{\pi}{n}$; mais, si n est pair, ils coïncident deux à deux; il n'y en a plus que $\frac{n}{2}$, et deux plans consécutifs font entre eux un angle égal à $\frac{2\pi}{n}$.

Dans les deux cas, faisant avec chacun des plans précédents un angle égal à $\frac{\pi}{n}$, existe un plan de symétrie parallèle à l'axe, distant de cet axe d'une longueur égale à la résultante des projections des longueurs t, $2a$, sur sa normale, et ayant pour translation la résultante des projections sur lui-même des longueurs T, t et $2a$.

En s'appuyant sur les théorèmes précédents, on distingue, sans trop de difficulté, des groupes d'éléments de symétrie, remplissant l'espace et satisfaisant à cette condition que de leur combinaison entre eux ou avec les translations du réseau il ne résulte aucun nouvel élément de symétrie. Un tel groupe peut être désigné sous le nom de *groupe de symétrie*.

On range ces groupes dans sept systèmes, suivant la nature de leurs réseaux, et, parmi les groupes d'un système, l'un possède tous les éléments du réseau, il est dit holoédrique;

les autres n'en possèdent qu'une partie, ils sont dits mériédriques. Bien entendu, dans ce dernier cas, contrairement à ce qu'admettent la généralité des auteurs, il n'y a aucune limite dans la réduction des éléments de symétrie du groupe.

Dans la pratique, pour plus de simplicité, il y a lieu de distinguer les éléments de symétrie primordiaux des éléments subordonnés ; les premiers sont tels que, combinés entre eux et avec les translations du système réticulaire, ils donnent tous les autres éléments de symétrie.

Ces éléments primordiaux étant connus en nature et en position, trois rangées conjuguées du système réticulaire étant données en grandeur et en direction, il suffira, pour déterminer complètement la structure du corps, de connaître la position du centre de gravité d'une particule fondamentale relativement aux éléments de symétrie et l'orientation de la particule autour de son centre de gravité.

Il suffit, en effet, de construire le système réticulaire ayant pour point de départ le centre de gravité donné et sur chaque nœud de placer le centre de gravité d'une particule orientée parallèlement à la particule donnée, puis de construire les symétriques de l'édifice élémentaire ainsi obtenu relativement aux éléments de symétrie primordiaux donnés. Les systèmes réticulaires obtenus dans cette dernière opération sont égaux et parallèles au premier, mais les particules ne possèdent pas l'orientation de la première particule; le nombre des orientations différentes est précisément donné par la formule fournissant le nombre des faces d'un cristal lorsqu'on connait ses éléments de symétrie.

Les corps dont la structure se trouve ainsi complètement déterminée se répartissent dans les sept systèmes cristallins, et, ici encore, il y a lieu de distinguer l'édifice holoédrique des édifices mériédriques, la structure de ceux-ci pouvant s'obtenir soit en partant d'un groupe mériédrique.

soit d'un groupe holoédrique, mais en n'utilisant qu'une partie, bien choisie, des éléments.

Il me reste à dire deux mots d'une notion nouvelle introduite par M. Schœnfliess, la notion de *domaine fondamental*, qui est la représentation géométrique de la particule fondamentale. M. Schœnfliess a montré, en effet, que l'on pouvait décomposer un corps cristallisé en une infinité de polyèdres juxtaposés, tous semblables entre eux et généralement de deux sortes, les polyèdres d'une sorte étant superposables entre eux et symétriques des polyèdres de l'autre sorte. Ces polyèdres jouissent de la propriété qu'un quelconque d'entre eux renferme un point du corps cristallisé et un seul autour duquel la matière est distribuée d'une manière déterminée. Un tel polyèdre a reçu de M. Schœnfliess le nom de domaine fondamental. En général, sa forme n'est pas déterminée; mais, d'après la définition même, elle est astreinte à certaines conditions : le domaine ne doit pas être coupé par un élément de symétrie du corps cristallisé et si, par conséquent, celui-ci possède un plan de symétrie, il devra coïncider avec une face du domaine ; s'il possède un centre, un axe, ce centre, cet axe devront se trouver sur la surface du domaine.

Bien entendu, pour les domaines fondamentaux, comme pour les particules fondamentales, l'un d'eux étant donné, tous les autres peuvent s'obtenir au moyen des translations du système réticulaire et des éléments de symétrie.

Considérons l'un de ces domaines fondamentaux et prenons ses symétriques relativement aux éléments *primordiaux* qui se trouvent à sa surface, autant de fois, bien entendu, que le comporte l'ordre de ces éléments. Nous obtenons ainsi un groupe de domaines fondamentaux contigus, possédant tous les éléments de symétrie du corps cristallisé ; un tel groupe a reçu de M. Schœnfliess le nom de *domaine complexe*. Il est bien évident, par suite, que les particules fondamentales peuvent se grouper de façon à constituer un groupe de particules fondamentales contiguës possédant tous les éléments de symétrie du corps cristallisé. Nous désignerons ces groupes sous le nom de *particules complexes*. Mais alors le corps cristallisé peut être considéré comme constitué par des particules complexes, orientées parallèlement et dont les centres de gravité coïncident avec les nœuds d'un réseau. On retombe ainsi sur la théorie de Bravais, qui n'est qu'un cas particulier de la théorie de M. Sohncke.

Il ne sera pas inutile de donner une application des considérations qui précèdent et, pour cela, nous chercherons à déterminer la structure d'un édifice cristallin ayant les éléments de symétrie d'un réseau sénaire, ses axes de symétrie étant des axes de rotation, et ses plans de symétrie des plans de réflexion.

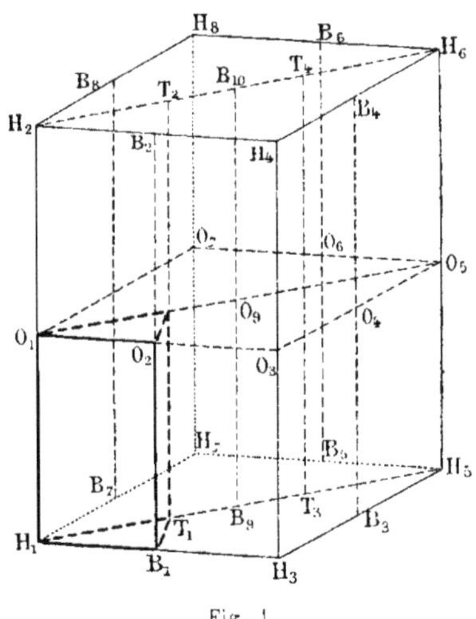

Fig. 1.

Soit H_1H_2 (*fig.* 1) un axe sénaire de rotation, et prenons le point H_1 comme origine du réseau qui, comme on le sait, a pour maille un prisme droit à base rhombe de 60°. Toutes les rangées de ce réseau parallèles à H_1H_2 seront également des axes sénaires de rotation. En combinant ces rotations avec les translations du réseau, on voit facilement que les droites telles que T_1T_2, T_3T_4, parallèles aux axes sénaires, et passant par les centres de gravité des triangles équilatéraux, qui forment les bases de la maille, sont des axes ternaires de rotation; en second lieu, les droites telles que B_1B_2, B_3B_4, B_5B_6, B_7B_8, B_9B_{10}, passant par les milieux des rangées de la base, sont des axes binaires de rotation.

Supposons maintenant que l'édifice cristallin possède un plan de réflexion passant par un axe sénaire ; le plan devant être parallèle à un plan de symétrie du réseau coïncidera soit avec une face de la maille, soit avec le plan diagonal de cette maille. Dans les deux cas il en résultera six plans de réflexion passant par l'axe sénaire faisant entre eux des angles de 30°, et, parallèlement à chacun de ces plans, il existera une série de plans de réflexions équidistants et distants de la moitié du paramètre de la rangée perpendiculaire.

Supposons maintenant que l'édifice cristallin possède un centre sur l'axe sénaire ; on peut supposer qu'il coïncide avec le point H_1, puisque celui-ci a été pris arbitrairement. Non seulement les nœuds du réseau ayant pour origine H_1 seront des centres, mais encore tous les points milieux des rangées de ce réseau ; ainsi donc seront des centres tous les points H, tous les points B et les points O.

Mais la présence de ce centre combiné avec l'axe sénaire entraine l'existence de plans de réflexion principaux perpendiculaires à l'axe passant par les centres et, par suite, équidistants de la moitié du paramètre de l'axe. En outre, perpendiculairement à chacun des plans de réflexion passant par l'axe sénaire, existera une série d'axes binaires de rotation, situés dans les plans principaux et passant par les centres contenus dans ces plans.

Tels sont les éléments de symétrie de l'édifice cristallin, éléments qui remplissent tout l'espace.

Le domaine fondamental est facile à déterminer, puisque les éléments de symétrie doivent être à sa surface ; c'est un prisme droit à base triangulaire ayant ses bases dans deux plans principaux ; ses arètes latérales sont un axe sénaire H_1O_1, un axe ternaire T_1T_2 et un axe binaire B_1O_2 ; ses faces latérales, trois plans de symétrie non principaux : les quatre sommets H_1, B_1, O_2, O_1 sont des centres, tandis que les sommets situés sur les axes ternaires n'en sont pas.

Pour avoir le domaine complexe, il faut prendre les symétriques de ce domaine fondamental relativement aux éléments de symétrie primordiaux situés à sa surface, c'est-à-dire dans ce cas, l'axe sénaire, un plan principal et un plan non principal ; on obtient ainsi, évidemment, un prisme droit à base hexagonale dont les arêtes sont les axes ternaires.

Pour obtenir l'édifice cristallin, il suffit finalement de placer, dans chaque domaine fondamental, une particule fondamentale, la position de celle-ci relativement au domaine étant constante.

Tels sont les points essentiels de la théorie dont les bases ont été posées par M. Sohncke et qui fut développée plus tard par MM. Schœnfliess et von Fedorow. Son principal avantage consiste à n'imposer aucune condition à la particule fondamentale, à laisser sa forme tout à fait indéterminée et à expliquer les propriétés de symétrie des corps cristallisés en se basant sur leur structure. Mais, bien entendu, cette théorie n'exclut pas d'une façon définitive la théorie de Bravais pas plus que cette dernière n'a fait complètement rejeter la théorie d'Haüy. Il est, en effet, fort possible et même fort probable que, pour certains corps, dans certaines conditions, la particule complexe possède une certaine individualité, qu'elle subsiste, par exemple, dans les dissolutions. Mais cette association définitive des particules fondamentales en particules complexes ne paraît pas être générale et, pour expliquer certains phénomènes, il faut reconnaître aux particules fondamentales une indépendance leur permettant de s'associer suivant des règles, variables avec les conditions de cristallisation.

Quant à la particule fondamentale, nous n'avons naturellement que fort peu de renseignements sur elle ; tout ce que nous pouvons dire, c'est qu'elle est formée d'une ou plusieurs molécules, en nombre variable, suivant le corps et les conditions de cristallisation.

DES FORMES MÉRIÉDRIQUES.

Étant donnée l'importance du rôle que joue la considération des formes mériédriques dans les explications qui suivront, je crois devoir appeler particulièrement l'attention sur elles et faire à leur sujet quelques remarques d'une application immédiate.

On sait que l'on appelle groupe de symétrie, édifice cristallin, forme cristalline mériédrique, un groupe, un édifice, une forme ne possédant qu'une partie des éléments de symétrie du système réticulaire. Bravais, pour obtenir les édifices mériédriques et leurs formes cristallines, part de l'édifice holoédrique et fait décroître successivement la symétrie de la molécule, c'est-à-dire de la particule complexe. Les auteurs allemands, obtenant directement les groupes mériédriques en ne faisant intervenir qu'une partie des éléments de symétrie du réseau, suivent, en réalité, une marche peu différente. On pourrait, d'ailleurs, suivre une marche identique en partant du groupe holoédrique et en n'utilisant qu'une partie de ses éléments de symétrie.

Tous ces auteurs, d'ailleurs, dans la réduction successive des éléments de symétrie d'un système cristallin, s'arrêtent au moment de retomber sur les éléments de symétrie d'un système de symétrie inférieure. Ainsi, dans le système cubique, on s'arrête dans la réduction à la tétartoédrie, caractérisée par quatre axes ternaires et trois axes binaires, en faisant remarquer que, si on allait plus loin, la forme ne présenterait plus que trois axes binaires, c'est-à-dire les éléments de symétrie du système terbinaire. On admet par là, sans avoir aucune raison pour appuyer cette restriction, qu'un cristal n'ayant que trois axes binaires ne peut posséder un système réticulaire terquaternaire. Et cependant Bravais avait parfaitement prévu l'objection, car il dit : « J'*admettrai* la règle suivante : parmi les sept systèmes cristallins, les molécules d'une substance donnée qui vient à cristalliser adopteront celui dont la symétrie offre le plus grand nombre d'éléments communs avec la symétrie propre à leur polyèdre moléculaire. » Mais il ajoute : *Croire que cette règle ne souffre jamais d'exception serait peut-être aller trop loin.*

De même, Mallard dans le tome I de son *Traité de Cristallographie*, après avoir admis la même règle générale que Bravais, ajoute : « Si la relation *conjecturale* que nous avons établie plus haut entre la symétrie du réseau et celle du polyèdre moléculaire était vraie, le mode de classification serait tel que la nature du système cristallin indiquerait immédiatement le mode de symétrie du réseau. *La seule chose qu'il nous soit permis d'affirmer, c'est que le réseau fournit une symétrie au moins égale à celle qui caractérise le système.* »

Mais, après avoir ainsi prévenu l'objection dans l'exposé des généralités de la cristallographie, ces auteurs, lorsqu'ils abordent l'étude des différents systèmes cristallins, ne font aucune allusion à ces formes de symétrie inférieure. Ainsi s'est accréditée cette opinion, aujourd'hui universellement admise, que le réseau d'un corps cristallisé est, parmi les réseaux possédant les éléments de symétrie de ce corps, celui qui possède la symétrie la moins élevée. Tandis qu'en réalité le réseau peut être l'un quelconque de ceux possédant les éléments de symétrie du corps. Ainsi un corps ayant un réseau cubique peut posséder non seulement les éléments de symétrie de l'un des groupes distingués dans le système terquaternaire, mais encore ceux de l'un des groupes des systèmes quaternaire, ternaire, terbinaire, binaire ou anorthique. Il n'en faut pas conclure de là qu'il n'est pas possible de distinguer un corps cubique d'un corps appartenant à un autre système cristallin. Les formes mériédriques du système régulier sont astreintes à certaines conditions permettant de les distinguer : leurs faces doivent faire entre elles les angles des plans réticulaires du réseau terquaternaire; leurs paramètres doivent être entre eux dans des rapports déterminés. Il est inutile que je donne ces rapports, Mallard les a déjà indiqués, à propos d'une autre question, dans le tome VII de ce *Bulletin*. Je ne citerai qu'un exemple : Si un corps ayant les éléments de symétrie du système ternaire possède un réseau cubique, la forme primitive, au lieu d'être un rhomboèdre quelconque, sera un cube, mais un cube ne possédant qu'un axe ternaire; en outre, les paramètres de l'axe ternaire et d'un axe binaire seront entre eux comme $\sqrt{3}$ et $\sqrt{2}$.

Il est bien vrai, d'ailleurs, qu'un édifice cristallin de structure mériédrique devra être d'autant plus rare que la mériédrie sera plus prononcée. Pour que les particules complexes d'un corps se disposent suivant les mailles d'un réseau de symétrie donnée, il ne suffit pas que ces particules possèdent certains éléments de symétrie de ce réseau ; il faut encore, en général, que les actions qu'elles exercent suivant certaines directions satisfassent à des conditions déterminées : pour que ces particules se disposent sur un réseau cubique, il faut que les actions exercées suivant les trois axes quaternaires soient égales entre elles. Or, tant que la symétrie de l'édifice cristallin est supérieure à la symétrie du réseau, de symétrie immédiatement inférieure à celle de son réseau, ces conditions sont remplies par simple raison de symétrie, quelle que soit la particule fondamentale. Si, au contraire, la symétrie de l'édifice est précisément celle d'un réseau de symétrie inférieure ou celle du sien, la symétrie ne suffit plus pour entraîner la réalisation de ces conditions ; elle ne peut résulter que des propriétés spéciales des particules fondamentales, propriétés qui ne paraissent se rencontrer que dans un petit nombre de corps.

Première remarque. — La conséquence la plus importante de cette extension de la mériédrie concerne les propriétés physiques dont les variations sont influencées par la symétrie moléculaire. Jusqu'ici, en effet, l'ellipsoïde d'élasticité optique, par exemple, possédant au moins les éléments de symétrie du cristal, affectait une forme différente pour chaque système cristallin, et l'étude des propriétés optiques pouvait, jusqu'à un certain point, servir à déterminer le système. Tous les cristaux cubiques étaient isotropes ; les cristaux des systèmes sénaire, ternaire, quaternaire étaient uniaxes ; les cristaux des autres systèmes étaient biaxes avec une dispersion de nature déterminée. Mais il n'en est plus de même avec l'extension proposée. La particule fondamentale, étant dépourvue d'éléments de symétrie, est naturellement biaxe ; ou, pour parler d'une façon plus rigoureuse, un cristal dont toutes les particules fondamentales sont parallèles est biaxe. L'uniaxie ne pourra résulter que de la répartition symétrique de ces particules fondamentales autour d'un axe d'ordre supérieur à deux, et l'isotropie de cette même répartition symétrique autour de plusieurs de ces axes. Il en résulte qu'un cristal cubique ne possédant qu'un axe quaternaire, ou un axe ternaire, sera uniaxe ; s'il ne possède que des axes binaires ou des plans de symétrie, il sera biaxe. Comme on le voit, l'étude des propriétés optiques ne suffit donc plus pour définir le système cristallin. Il en est de même pour toutes les propriétés physiques dont les variations sont régies par un ellipsoïde.

Deuxième remarque. — Théoriquement un plan réticulaire quelconque peut être une face d'un édifice cristallin mériédrique, et cependant l'examen des formes mériédriques, dans le sens restreint du mot, amène à ce sujet une remarque non sans importance. On constate, en effet, sans difficulté que plus la mériédrie est prononcée, plus le nombre des faces *dominantes* est restreint. Ainsi les nitrates de plomb et de baryum, qui sont cubiques tétartoédriques, c'est-à-dire ont pour éléments de symétrie $3\Lambda^2$, $4L^3$, cristallisent presque toujours en tétraèdres ; on peut encore obtenir des cubes, mais les autres faces ne se présentent que comme des facettes, des troncatures sur les solides précédents. Comme on le voit, les faces susceptibles d'être des faces dominantes, sont perpendiculaires sur les éléments de symétrie ; c'est ce qui a lieu le plus souvent : si la forme présente un axe, un plan de symétrie, les faces dominantes sont perpendiculaires sur cet axe, sur ce plan. Bien entendu, cette règle n'est pas générale ; mais elle est assez fréquemment réalisée pour que nous puissions l'étendre aux formes mériédriques, dans le sens général du mot, et pour que nous nous attendions à voir, dans ces dernières, le nombre des faces dominantes diminuer de plus en plus, à mesure que la mériédrie s'accentue, à tel point que certains cristaux présentent toujours la même forme cristalline.

Troisième remarque. — Mallard a montré que les cristaux mériédriques étaient susceptibles de se macler autour des éléments de symétrie déficients de façon à constituer des édifices complexes possédant ces éléments de symétrie. Dans ces macles non seulement les cristaux s'accolent, mais encore ils peuvent se pénétrer intimement, de telle sorte que des portions de l'un d'eux peuvent se trouver isolées au milieu des autres. Or ces macles se prêtent à une remarque analogue à celle que nous venons de faire sur les faces dominantes; l'examen des formes mériédriques, dans le sens restreint du mot, montre, en effet, qu'elles sont d'autant plus fréquentes que la mériédrie est plus prononcée; à ce point qu'il est fort difficile d'obtenir certains cristaux non maclés. Les tétraèdres de nitrate de plomb et de baryum, par exemple, sont presque constamment maclés deux à deux, de façon à former des octaèdres, qui ne résultent pas, comme on pourrait le croire, de la superposition de deux formes cristallines tétraédriques sur le même cristal, mais sont constitués par huit pyramides ayant leur sommet au centre et pour bases chacune des faces.

En étendant cette remarque aux formes mériédriques, dans le sens général du mot, on arrive à cette conclusion que, dans les formes les plus appauvries, les macles doivent être encore plus fréquentes et même constantes dans certains cristaux. Cette remarque est, d'ailleurs, une conséquence immédiate de la cause physique attribuée à la tendance qu'offrent les cristaux à se macler. Le maximum de stabilité correspondant au maximum de symétrie, les cristaux doivent avoir une tendance d'autant plus grande à se macler que leur symétrie propre est moins accusée.

On peut d'ailleurs, comme me l'a fait remarquer M. Michel Lévy, calculer sans difficulté le nombre de cristaux qui doivent s'associer, pour constituer une macle. On remarquera d'abord que les éléments de symétrie de la forme mériédrique ne peuvent être pris au hasard parmi ceux du système réticulaire ; ils doivent appartenir à l'un des trente-deux groupes d'éléments de symétrie que l'on a distingués comme pouvant appartenir à un cristal. Il en est de même pour les éléments de symétrie de la macle, et les éléments déficients ne peuvent, par suite, être associés d'une façon quelconque à ceux du cristal. Dans certains cas, cette association est déterminée et les cristaux ne peuvent se grouper que d'une façon. Dans d'autres cas, l'association des éléments peut se faire de plusieurs façons, et les mêmes cristaux peuvent donner naissance à plusieurs macles.

Ceci posé, considérons les éléments de symétrie du cristal ; si on prend, relativement à ces éléments, les symétriques d'un polyèdre orienté d'une façon quelconque relativement à ces éléments, on obtiendra un nombre d'orientations donné, dans le cas général, par la formule

$$2[1 + \Sigma(n - 1)C_n],$$

C_n étant le nombre des axes de symétrie d'ordre n.

D'autre part, en prenant les symétriques d'un polyèdre, orienté d'une façon quelconque relativement aux éléments de symétrie de la macle, on obtiendra un nombre d'orientations égal à :

$$2[1 + \Sigma(m - 1)M_m].$$

Mais si, dans ce dernier cas, le polyèdre, au lieu d'être quelconque, possède les éléments de symétrie du cristal, chaque orientation se confondra avec un nombre d'orientations égal à $2[1 + \Sigma(n - 1)C_n]$, et il ne restera que :

$$\frac{2[1 + \Sigma(m - 1)M_m]}{2[1 + \Sigma(n - 1)C_n]},$$

orientations différentes ; tel est donc le nombre de cristaux intervenant dans la constitution de la macle.

Examinons quelques cas :

Supposons que le cristal, appartenant au système cubique, ait pour élément de symétrie :

$$L^3, 3L^2, C, 3P.$$

En vertu du principe précédemment énoncé, l'association de ces éléments de symétrie à un axe quelconque des éléments déficients entrainera la présence de tous les autres éléments déficients. Les éléments de la macle seront donc :

$$3A^4, 4L^3, 6L^2, C, 6P, 3\Pi,$$

et le nombre des cristaux entrant dans la macle sera : $\frac{48}{12} = 4$.

Ces quatre cristaux seront symétriquement placés relativement aux éléments déficients, c'est-à-dire qu'ils auront pour arêtes les axes $3A^4$ et pour faces les plans 3Π ; chacun d'eux sera donc composé de deux tétraèdres opposés par leur sommet commun coïncidant avec le centre ; de sorte que la macle paraîtra composée de huit cristaux. Quant à la forme cristalline limitant extérieurement chaque cristal, elle pourrait théoriquement se composer d'un pointement ternaire quelconque ; mais, comme je l'ai déjà dit, cette forme se compose généralement d'une seule face perpendiculaire à l'élément de symétrie d'ordre le plus élevé, c'est-à-dire ici à l'axe ternaire, de telle sorte que la macle présentera la forme d'un octaèdre.

En second lieu, si le cristal, toujours cubique, ne possède qu'un axe binaire Λ^2 provenant de la réduction d'un axe quaternaire, cet axe pourra se combiner de plusieurs façons avec les axes déficients pour constituer autant de groupes d'éléments, qui pourront être ceux de la macle.

Si, par exemple, la macle possède un axe ternaire, ses éléments pourront être :

$$3\Lambda^2,\ 4L^3,$$

et le nombre des cristaux sera $\frac{12}{2} = 6$.

Ces cristaux auront pour arêtes communes les axes $4L^3$ et, par suite, auront la forme de pyramides quadrangulaires ayant pour sommet commun le point d'intersection des axes ternaires qui n'est pas un centre. De plus, la face cristalline ayant le plus de chance de se produire sera la face perpendiculaire à l'unique élément de symétrie Λ^2. La macle aura donc la forme d'un cube.

Les éléments de symétrie de la macle pourraient être :

$$3\Lambda^2,\ 4L^3,\ 6P;$$

le nombre des cristaux serait $\frac{24}{2} = 12$, et il est facile de voir que la macle aurait la forme d'un cube subdivisé en vingt-quatre pyramides ayant pour sommet commun le centre du cube et pour bases les vingt-quatre triangles dessinés dans les faces du cube par les diagonales. Il y aura donc, en apparence, vingt-quatre cristaux, mais deux pyramides symétriquement placées par rapport à un axe A^2 appartiendront au même cristal.

Il n'y a pas lieu de multiplier davantage les exemples ; les précédents suffisent pour montrer que deux macles formées des mêmes cristaux peuvent présenter des structures tout à fait différentes.

Quatrième remarque. — On sait que tous les cristaux, en ce qui concerne leurs propriétés physiques, sont sensiblement isotropes. Mallard a interprété cristallographiquement ce fait et montré que, dans un grand nombre de cristaux, le réseau était sensiblement cubique, en comparant leur paramètre avec ceux d'un cristal cubique. On voit donc qu'il existe un grand groupe comprenant, d'une part, les cristaux dont le réseau est cubique et dont les éléments de symétrie sont ceux d'une forme cristalline que l'on considère habituellement comme appartenant à l'un des systèmes suivants : système terquaternaire, système quaternaire, système ternaire, système terbinaire, système binaire, système asymétrique; d'autre part, les cristaux ayant l'un des réseaux servant à caractériser ces systèmes, mais dont le réseau se rapproche beaucoup d'un réseau cubique.

Mais il existe toute une catégorie de cristaux que l'on ne peut faire rentrer dans ce groupe. Ce sont les cristaux ayant un réseau sénaire, car il est impossible de comparer un réseau sénaire à un réseau cubique. Ces cristaux ont les éléments de symétrie d'une forme cristalline considérée comme appartenant à l'un des systèmes suivants : système sénaire, système ternaire, système terbinaire, système binaire et système asymétrique. Par analogie avec ce qui se passe dans le groupe précédent, il est naturel d'admettre qu'à côté de ces cristaux à réseau sénaire, il en existe d'autres ayant un réseau terbinaire, ou un réseau binaire, ou un réseau asymétrique (mais non un réseau ternaire), ces réseaux se rapprochant beaucoup d'un réseau sénaire. Tous ces corps sont également presque isotropes; mais on ne peut plus interpréter ce fait cristallographiquement par comparaison avec les plans symétriques, puisque ceux-ci sont simplement uniaxes. On peut seulement exprimer que ces cristaux sont à peu près uniaxes, en exprimant que deux de leurs paramètres sont sensiblement comme 1 et $\sqrt{3}$ ou $\sqrt{2}$ et $\sqrt{6}$. Quant au troisième paramètre, quelle doit être sa valeur pour que le corps soit sensiblement isotrope? cette valeur est-elle variable d'un corps à l'autre? est-elle constante et égale à $\sqrt{3}$, comme dans les corps cubiques? La théorie ne fournit aucune réponse, et l'observation pourra seule nous donner une solution de la question.

En résumé, les corps cristallisés se répartiraient en deux grands groupes : l'un comprimant les corps cubiques et les corps presque cubiques, l'autre les corps hexagonaux ou presque hexagonaux.

DES ANOMALIES OPTIQUES.

Si l'on rencontre tant de difficultés, lorsque l'on aborde l'étude des anomalies optiques, cela tient en grande partie, je crois, à l'absence de définition précise des phénomènes qu'il s'agit d'expliquer. Il n'est évidemment pas question, ici, des anomalies provenant d'irrégularités de structure susceptibles de se produire lorsque les conditions qui président à la cristallisation sont défavorables; ces anomalies se reconnaissent à ce fait qu'elles ne sont qu'accidentelles et au manque de fixité dans leurs caractères. Les anomalies qu'il s'agit d'expliquer ont, au contraire, des caractères constants et s'observent toujours dans une même espèce; on peut les définir de la façon suivante: Un cristal présente des anomalies optiques, lorsque ses propriétés optiques sont identiques à celles que l'on rencontre habituellement dans les cristaux appartenant à un système cristallin de symétrie inférieure à celle du système cristallin que caractérisent les formes cristallines du cristal considéré. C'est ainsi que la boracite et une variété de fluorine présentent des anomalies optiques parce qu'elles sont biaxes, quoique possédant des formes cristallines cubiques ; il en est de même d'une autre variété de fluorine, qui est optiquement uniaxe, quoique cubique par ses formes cristallines.

Cette définition nous amène à appeler l'attention sur une confusion que l'on devait naturellement faire au début. Il ne faut pas confondre les anomalies, telles qu'elles viennent d'être définies, avec les anomalies *apparentes* que l'on attribuait à certains cristaux par suite de l'ignorance où l'on se trouvait de leurs véritables formes cristallines.

C'est ainsi que la leucite n'offre pas d'anomalies optiques ; car, si elle est biaxe, d'autre part ses formes cristallines sont celles d'un cristal orthorhombique ; il n'y a donc rien d'anormal dans ses propriétés optiques. Si on lui attribuait des anomalies optiques, c'est que l'on rapportait à tort ses formes cristallines au système cubique, et il est facile de comprendre pourquoi. Les cristaux de leucite que l'on étudiait s'étaient formés à une température élevée où la leucite est isotrope et cubique ; ces cristaux, en se formant, se trouvaient naturellement limités par une forme cristalline cubique, le trapézoèdre. En se refroidissant, les cristaux s'étaient transformés en un grand nombre de cristaux biaxes orthorhombiques, mais comme les facettes de ces derniers ne font que des angles très petits avec les faces du trapézoèdre, un premier examen avait fait croire à la persistance des faces du trapézoèdre, faces qui, en réalité, avaient disparu. Pour éviter cette erreur, il aurait fallu mesurer les angles de cristaux isolés analogues à ceux obtenus par MM. Fouqué et Michel Levy. Autrement dit, au point de vue des phénomènes optiques, la leucite est tout à fait comparable à l'aragonite ; celle-ci, comme on le sait, forme des prismes hexagonaux par l'association de trois cristaux se pénétrant plus ou moins intimement ; ces prismes sont biaxes, et cependant on n'a jamais songé à leur attribuer des anomalies optiques ; c'est que l'aragonite se produit directement avec ses formes propres et que, par suite, on a pu constater sans difficulté qu'elle était orhorhombique.

Le problème que l'on devait se poser, relativement à ces deux corps, ne concerne donc pas leurs propriétés optiques, mais leurs formes cristallines. Il fallait expliquer ce que l'on aurait pu appeler leurs anomalies cristallines, expliquer pourquoi, malgré leur symétrie orthorhombique, ces corps donnent naissance à des cristaux ayant des apparences soit cubiques, soit hexagonales. C'est ce qu'a fait Mallard en montrant que ces apparences étaient dues à des macles autour d'éléments de symétrie limites jouant le rôle d'éléments de symétrie déficients dans les corps à structure mériédrique. En ce qui concerne la leucite et l'aragonite, j'aurai d'ailleurs, à propos du polymorphisme, l'occasion de rechercher l'origine de ces éléments de symétrie limites.

Revenons maintenant aux cristaux présentant de véritables anomalies optiques. Dans ces cristaux, l'examen des formes cristallines d'une part, des phénomènes optiques de l'autre, conduisent à des conclusions contradictoires, en ce qui concerne la nature du système cristallin.

Cette contradiction disparait, si l'on fait appel à la considération des formes mériédriques. Elle n'existe, en effet, que par suite de cette convention qui consiste à n'admettre, parmi les formes mériédriques, que celles possédant une symétrie supérieure à celle du système cristallin de symétrie inférieure. Cette convention, comme je l'ai dit précédemment, ne repose sur aucune autre raison que l'habitude d'en agir ainsi ; elle doit donc être rejetée, et les contradictions désignées sous le nom d'anomalies optiques disparaissent.

Si un cristal biaxe présente des formes du système cubique, c'est que son réseau est cubique, mais qu'il ne possède qu'une partie des éléments de symétrie de ce réseau, axes binaires et plans de symétrie.

Cette explication n'est admissible que si la recherche des éléments de symétrie de l'édifice cristallin démontre que cet édifice est bien mériédrique, et qu'il existe, entre ses éléments de symétrie et ceux de son ellipsoïde d'élasticité optique, les relations de position et de grandeur qui doivent nécessairement exister. C'est ce que l'expérience et l'observation ont toujours vérifié.

Comme on le voit, grâce à cette explication, les anomalies optiques disparaissent ; les cristaux, présentant de soi-disant anomalies optiques, sont constitués comme les autres ; leur structure satisfait aux mêmes lois, aux mêmes règles que la structure des autres cristaux. Leur étude rentre dans l'étude générale des corps cristallisés, et il devient inutile de leur attribuer un chapitre spécial dans la théorie des propriétés de ces corps.

Cette explication a, en outre, l'avantage de faire tomber une objection formulée principalement par les auteurs allemands contre toute théorie ayant pour but d'expliquer les anomalies optiques en s'appuyant sur la structure cristalline. Des phénomènes optiques déterminés se rencontrent presque toujours associés à une même forme cristalline, et par conséquent, dit-on, c'est à la forme cristalline que l'on doit faire remonter la cause première de ces phénomènes optiques. Cette objection tombe d'elle-même, si l'on se rappelle la remarque faite plus haut sur les faces dominantes des formes mériédriques. La nature de la face dominante et la nature des phénomènes optiques découlent toutes deux de la symétrie de l'édifice cristallin et, par suite, doivent se trouver associées d'une façon sinon constante, puisque la conclusion relative à la face dominante n'est pas absolue, du moins presque constante.

Enfin la considération des formes mériédriques nous amène à cette conclusion que les cristaux présentant des anomalies optiques doivent être presque toujours maclés et que cette macle peut présenter des aspects fort différents, suivant que tel ou tel élément déficient s'associe aux éléments du cristal pour déterminer la symétrie de cette macle. On ne devra pas oublier que, dans celle-ci, les cristaux ne sont pas toujours simplement juxtaposés, mais que souvent ils se pénètrent très intimement; de cette pénétration résultent, en apparence, de grandes variations dans les propriétés optiques, puisque l'on n'observe plus les propriétés d'un cristal simple, mais celles de superpositions fort variables, d'un point à un autre.

Je terminerai en faisant remarquer que l'explication que je viens de développer ne diffère pas au fond de la seconde théorie de Mallard. Dans son premier mémoire de 1876, Mallard ne considérait que le cas des anomalies apparentes; pour lui, on attribuait aux cristaux des formes cristallines différentes de celles qu'ils possédaient en réalité, d'où contradiction entre cette forme cristalline et les phénomènes optiques. Mais cette théorie ne concordait pas avec les résultats fournis par la mesure des angles des faces; aussi, dans l'article publié en 1887, par *la Revue scientifique*, Mallard fait appel à une notion nouvelle, la pseudo-symétrie; un cristal est pseudo-symétrique quand la symétrie de la cellule est supérieure, ou à peu près supérieure à celle de la molécule. Comme on le voit, cette pseudo-symétrie est, dans le premier cas, identique à l'ancienne notion de mériédrie, généralisée comme je l'ai indiqué plus haut; mais il n'en est plus de même dans le second. Aussi, en créant cette notion nouvelle, et en ne faisant aucune allusion à la mériédrie, Mallard, brisait le véritable lien, réunissant les cristaux à anomalies optiques aux autres cristaux: il faisait de ceux-là des cristaux constitués d'une façon spéciale et perdait par cela même le bénéfice de leur rapprochement des formes mériédriques ordinaires, pour en expliquer certaines particularités.

DES MÉLANGES ISOMORPHES.

Depuis la découverte de l'isomorphisme par Mitscherlich, on a beaucoup discuté sur la portée scientifique de la définition donnée par lui de ce phénomène. On trouvera, dans le tome IX de ce *Bulletin* une discussion très approfondie de la question dans trois articles dus à MM. Ch. Friedel, Mallard et Wyrouboff. De cette discussion résulte clairement que, si l'on s'accorde à trouver défectueuse la définition de Mitscherlich, il est fort difficile de lui en substituer une autre satisfaisant à tous les désiderata. Suivant que l'on attache plus ou moins d'importance à l'une ou à l'autre des propositions contenues dans la définition de Mitscherlich, on est amené à modifier cette définition dans un sens ou dans l'autre. Mais, comme je me propose uniquement de rechercher la structure que l'on doit attribuer aux mélanges isomorphes pour expliquer leurs propriétés physiques, il me suffit de considérer ces mélanges sans me préoccuper de savoir si les composants ont même forme cristalline et composition chimique semblable. Il s'agit donc ici de corps cristallisés résultant de la cristallisation simultanée de deux corps, susceptibles, pour ce faire, de se mélanger en proportions variables.

Il est à remarquer, tout d'abord, que les cristaux résultant du mélange de deux corps isomorphes jouissent absolument de toutes les propriétés sur lesquelles on s'appuie pour définir l'état cristallin, et que, par suite, on ne peut, sous quelque prétexte que ce soit, leur attribuer une structure différente de celle admise pour les cristaux d'une substance unique. On doit donc, en employant le langage de Bravais, les considérer comme constitués de particules complexes, orientées parallèlement, dont les centres de gravité coïncident avec les nœuds d'un réseau. Le seul problème que soulève l'étude des mélanges isomorphes consiste donc à déterminer les rapports existants entre le réseau du mélange et ceux des corps mélangés, entre la particule complexe du premier et les particules complexes du second.

L'étude des propriétés physiques du mélange et leur comparaison avec les propriétés de cristaux simples peuvent seules évidemment fournir la solution de ce problème. Jusqu'en ces dernières années, le nombre des mélanges étudiés étant très restreint, on n'avait à sa disposition que fort peu de données, et l'on crut pouvoir admettre la loi la plus simple, celle de la proportionnalité pour relier les constantes physiques du mélange, d'une part à celles des corps mélangés, et de l'autre aux quantités de ces corps. Cette loi était séduisante non seulement par sa simplicité, mais encore par la simplicité de son interprétation. Elle revenait, en effet, à dire que les édifices cristallins des corps mélangés se conservaient dans le mélange avec toutes leurs propriétés, et c'est sous cette dernière forme qu'elle servit de base aux théories de Mallard. Les mélanges isomorphes se présentaient comme une exception parmi les mélanges moléculaires dont les propriétés physiques sont toujours reliées à celles des corps mélangés par des fonctions très complexes. Cette exception disparait aujourd'hui, grâce aux mesures plus nombreuses et plus précises, et l'on peut se rendre compte que la loi de proportionnalité n'est qu'une loi approchée bien suffisante évidemment, dans certains cas, pour relier les observations, mais qui ne saurait être généralisée.

Il est nécessaire de s'occuper successivement du système réticulaire du mélange et de sa particule complexe.

Sur le premier point, on n'a malheureusement que fort peu de renseignements ; deux cas seulement, je crois, ont été étudiés avec assez de soins pour intervenir utilement dans la question.

Le premier est celui des perchlorate et permanganate de potasse, étudiés par M. Groth (1). Le savant professeur de Munich a obtenu trois mélanges cristallisés présentant les faces m du prisme orthorhombique et deux dômes dont il désigne les faces par les lettres r et q^2. Ces faces font entre elles les angles contenus dans le tableau suivant où $A = KClO^4$ et $B = KMnO^4$.

	mm	rr	q^2q^2
A	103° 57′7	101° 22	104° 0
$A + \frac{1}{3}$ 0/0 de B	104° 43	101° 31	103° 7
11A + B	104° 7	101° 10	104° 4
11A + 2B	103° 50	101° 34	103° 59
B	102° 51	101° 42	104° 49

La connaissance de ces angles permet de calculer les

(1) Groth, Beitrage zur Kenntniss der über chlosauren und übermangansauren Salze (*Ann. d. Phys. und Chemie*, 1868).

paramètres des cristaux, et on obtient :

A	0,7819	1	0,6396
$A + \frac{1}{3}$ 0/0 de B	0,7704	1	0,6298
11A + B	0,7797	1	0,6408
11A + 2B	0,7839	1	0,6398
B	0,7974	1	0,6498

Quoique très incomplets, puisque la série ne comprend que trois mélanges, ces résultats suffisent cependant pour se faire une idée nette de la loi de variation des éléments du système réticulaire. Celui-ci, comme on le sait, est déterminé par six éléments, les angles que font entre elles trois rangées conjuguées et les paramètres de ces trois rangées ; les tableaux précédents nous montrent qu'aucun de ces éléments ne varie proportionnellement aux quantités des corps mélangés. Bien plus, pour certaines proportions de ces derniers, leurs valeurs ne sont pas comprises entre les valeurs de ces éléments dans les corps simples. Si l'on considère, par exemple, l'angle des deux faces du prisme *m*, angle que l'on peut considérer comme étant celui de deux rangées conjuguées, on voit qu'en partant du perchlorate de potasse il augmente jusqu'à un maximum, pour diminuer ensuite, redevenir égal à celui du perchlorate et se rapprocher de celui du permanganate. Les paramètres varient de la même façon.

On voit donc que la loi de variation est absolument identique à celle observée par M. Lala (1), dans l'étude de l'élasticité des mélanges gazeux. La compressibilité d'un mélange d'air et d'acide carbonique, tant que la proportion de ce dernier ne dépasse pas 22 0/0, reste comprise entre

(1) Lala, *Recherches expérimentales sur l'élasticité des mélanges gazeux.*

celle des deux gaz ; puis, la proportion d'acide carbonique augmentant, on voit la compressibilité du mélange augmenter, devenir égale à celle de l'acide carbonique puis, pour une certaine proportion la dépasser, passer par un maximum, puis diminuer pour redevenir égale à celle de l'acide carbonique, quand celui-ci reste seul. Dans le mélange d'air et d'hydrogène, quand la proportion de ce dernier augmente, c'est l'inverse qui a lieu, c'est-à-dire que la compressibilité, d'abord intermédiaire, diminue de façon à devenir égale à celle de l'hydrogène, puis inférieure à cette dernière, passe par un minimumet, augmentant, redevient égale à celle de l'hydrogène.

Un autre fait, à rapprocher de ceux que nous devons à M. Groth, nous est offert par les alliages de métaux, dont la température de fusion ne varie pas, comme on le sait, proportionnellement aux quantités des métaux mélangés. Le meilleur exemple à citer est celui des alliages de cuivre et d'argent. Le cuivre fond à 1.330°, et, si on lui ajoute de l'argent, la température de fusion s'abaisse de telle sorte que, pour une proportion de 35 d'argent, elle est à peu près égale à 1.040°, c'est-à-dire à la température de fusion de l'argent ; puis, la proportion d'argent augmentant, elle continue à baisser et passe par un minimum égal à 847° pour 63 0/0 d'argent ; elle se relève ensuite pour remonter à 1.040° lorsque l'argent se trouve seul.

Nous devons à M. Dufet (1) des mesures de la plus grande précision sur les variations du système réticulaire dans les mélanges isomorphes de sulfate de zinc et de sulfate de magnésie. M. Dufet a principalement mesuré les angles *mm* et $g^1b^{1/2}$ dans sept mélanges ; les résultats sont réunis dans le tableau suivant où Mg et Zn représentent le sulfate de

(1) DUFET. Sur la variation de forme cristalline dans les mélanges isomorphes (*Bull. de la Société minér.*, t. XII).

magnésie et le sulfate de zinc, et les n°s 1, 2, ..., 7, les mélanges dans l'ordre où la teneur en sulfate de zinc augmente.

	mm	$g^1 b^{1/2}$
Mg	90° 35′	116° 19′ 30
1	90° 42′ 30	116° 17′
2	90° 45′	116° 15′ 30
3	90° 49′	116° 13′ 15
4	90° 52′	116° 13′ 30
5	90° 56′ 30	116° 11′
6	90° 59′	116° 11′ 30
7	91° 6	116° 7′
Zn	91° 12′	116° 6′

Comme le montre M. Dufet, en tenant compte des quantités des deux corps entrant dans les mélanges, l'angle *mm*, que l'on peut considérer comme l'angle de deux rangées conjuguées, croît à peu près proportionnellement à ces quantités. Mais, pour connaître les variations véritables du système réticulaire, il faut savoir comment varient les paramètres de ces rangées. Les paramètres déduits des angles *mm* et $g^1 b^{1/2}$ sont :

Mg	1,7328	1	1,7505
1	1,7321	1	1,7535
2	1,7328	1	1,7556
3	1,7338	1	1,7586
4	1,7316	1	1,7580
5	1.7326	1	1,7624
6	1,7302	1	1,7602
7	1,7331	1	1,7667
Zn	1,7308	1	1,7674

Je ne pense pas que l'on soit en droit de retenir toutes les variations relatives indiquées par ce tableau ; les valeurs extrêmes de l'angle $g^1b^{1/2}$ ne diffèrent que de 13′ 30″ ; il n'était par suite pas possible, malgré toute la précision apportée aux mesures, d'éviter de petites erreurs ayant une importance relative trop considérable. Mais, en ne tenant compte que des variations d'allure générale, on voit facilement que, si le second paramètre croît d'une façon continue, le premier, au contraire, présente un maximum dans le voisinage du n° 3. Autrement dit, il varie suivant la même loi que les paramètres des mélanges de perchlorate et de permanganate de potassium.

Il n'en résulte pas moins de cette étude des sulfates que certains éléments du réseau, et par suite, dans certains cas, tous les éléments, peuvent varier suivant une loi se rapprochant beaucoup de la proportionnalité.

L'analogie est donc complète entre les mélanges isomorphes et les autres mélanges moléculaires. Les variations des éléments du système réticulaire sont représentées d'une façon générale par un arc d'hyperbole, qui, dans certains cas, se rapprochent suffisamment d'une droite pour que l'on puisse admettre la proportionnalité ; mais l'expérience peut seule nous apprendre quels sont ces cas, et l'on n'a nullement le droit d'admettre *a priori* la loi de proportionnalité.

Il nous faut maintenant examiner la seconde partie du problème et rechercher les rapports existant entre la particule complexe du mélange et les particules complexes des corps mélangés.

En général, les corps isomorphes possèdent la même symétrie et on retrouve celle-ci dans leurs mélanges cristallisés Comme, en outre, on croyait pouvoir admettre que les propriétés physiques des mélanges étaient la moyenne des propriétés correspondantes des corps mélangés, on était naturellement amené à donner, relativement à la structure des mélanges, l'explication fort simple suivante : Les particules complexes des deux corps ayant la même symétrie peuvent se substituer les unes aux autres dans un même édifice cristallin, et un mélange isomorphe doit être considéré comme constitué par les particules complexes des deux corps réparties dans les mailles d'un même système réticulaire. Or il est facile de voir que cette conception est en désaccord avec la théorie et avec les faits d'observation. Et en effet, pour qu'un édifice cristallin possède un élément de symétrie, il ne suffit pas que le système réticulaire et les particules complexes possèdent cet élément, il faut encore que toutes les particules soient identiques, de façon à pouvoir se substituer les unes aux autres par l'intermédiaire de cet élément. Or les particules de deux corps ne sont jamais identiques, comme le prouve la déformation du système réticulaire. On voit donc que la disparition des éléments de symétrie serait la conséquence immédiate de cette structure, attribuée aux mélanges isomorphes.

D'autre part, on comprend facilement, d'après ce qui a été dit sur les systèmes réticulaires, que les variations des constantes physiques dépendant du système réticulaire ne peuvent être, *d'une façon générale*, considérées comme proportionnelles aux variations des quantités de corps mélangés. Dans un mélange de sulfate de zinc et de sulfate de magnésie, l'angle des axes optiques varie bien, comme l'a montré M. Dufet(1), proportionnellement aux teneurs en chacun des deux sels ; il en est de même des indices des mélanges de sulfite de plomb et de sulfite de strontiane, comme cela résulte des mesures de M. Andreas Fock (2).

Mais le même auteur a montré qu'il n'en était plus de même pour les indices des mélanges d'alun de potassium et d'alun de thallium, pour les indices et l'angle des axes optiques des mélanges de sulfate et de chromate de magné-

(1) Dufet, *Bull. de la Soc. minér.*, t. III.
(2) Andreas Fock, *Zeitschr. f. Krystall. u. Min.*, vol. IV.

sie. J'ai montré moi-même que l'angle des axes optiques des feldspaths n'était pas non plus assujetti à cette loi. La loi de proportionnalité ne saurait donc être considérée que comme une loi suffisamment approchée dans certains cas et ne peut servir de base à une explication générale de la structure des mélanges isomorphes.

D'ailleurs, on connait aujourd'hui des mélanges dont la particule complexe ne présente pas la même symétrie que les particules complexes des corps mélangés. Il ne sera pas inutile d'en rappeler ici deux cas principaux.

On sait que le chlorate de soude et le bromate de soude cristallisent dans le système terquaternaire et possèdent comme éléments de symétrie $3A^2$, $4L^3$; tous deux jouissent de la propriété de faire tourner le plan de polarisation.

M. R. Brauns (1) a étudié les cristaux provenant d'une dissolution contenant 20 grammes de bromate pour 100 grammes de chlorate et résume ses observations de la façon suivante. « Les cristaux réguliers, mélanges de chlorate et de bromate de soude, sont optiquement biaxes. Par chaque face cubique d'un cristal, formé de couches concentriques, sortent, normalement à la face, quatre axes optiques. L'angle interne des axes optiques est de 90°. Une bissectrice de l'angle des axes optiques est toujours perpendiculaire à la face du rhombododécaèdre, sur laquelle les deux axes optiques sont symétriquement et également inclinés, et les deux bissectrices d'un angle d'axes optiques se trouvent dans la face du cube, qui est perpendiculaire aux deux autres par lesquelles sortent les axes optiques. Il en résulte que, dans une face du cube, deux axes d'élasticité coïncident avec les diagonales de cette face, de telle sorte que, dans trois faces

(1) R. Brauns, Ueber Polymorphie und die optischen Anomalien von chlor- und bromsauren Natron (*Neues Jahrbuch. f. Mineral., Geol. u. Paleont.*, 1898).

n'appartenant pas à la même zone, trois axes d'élasticité du même nom aboutissent au même sommet. La lumière, qui, dans les cristaux de chacune des substances, est polarisée circulairement, est polarisée elliptiquement dans les cristaux biréfringents et biaxes du mélange. Ces derniers cristaux nous offrent le premier exemple de polarisation elliptique dans des cristaux accrus librement, qui acquiert cette propriété pendant leur croissance et non postérieurement par l'action de forces extérieures, comme le quartz, par action mécanique. »

La singularité des propriétés décrites par M. Brauns m'a déterminé à reprendre cette étude, et il m'a été facile de me convaincre, comme cela d'ailleurs résultait des figures de M. Brauns, qu'en réalité ces cubes étaient formés de six cristaux maclés. Ces cristaux ont la forme de pyramides, dont les sommets coïncident approximativement avec le centre du cube et dont les bases sont les faces du cube. Chacune de ces pyramides est un cristal biaxe dont les axes d'élasticité coïncident avec la normale à la face du cube et avec les diagonales de cette face. Mais les axes optiques, contrairement à ce que dit M. Brauns, ne sont pas normaux aux deux autres faces adjacentes du cube. Si, en effet, on place une lame taillée dans un de ces cubes sous le microscope polarisant par l'intermédiaire de la platine de M. Klein, orientée de façon que son axe horizontal soit perpendiculaire au méridien NS du microscope, de telle sorte que les bases de deux pyramides opposées soient perpendiculaires à cet axe, on constate que ces pyramides ne sont pas éteintes. On ne peut pas les éteindre simultanément en inclinant la lame sur l'axe du microscope. On les éteint l'une après l'autre par deux inclinaisons successives de 4° environ sur l'axe du microscope, inclinaisons comptées en sens inverse relativement à cet axe. Autrement dit il y a une distance angulaire de 8° entre les deux extinctions, et l'angle extérieur des axes optiques est de 82° ; cet angle diminue, d'ailleurs, quand on augmente la proportion de bromate de soude dans le mélange.

Pour déterminer la symétrie de ces cristaux, il m'a fallu employer la méthode des figures de corrosion, la seule applicable dans le cas présent. Sur les faces du cube, c'est-à-dire sur les bases des pyramides, ces figures ont la forme de pyramides représentées dans la figure 2 : tantôt ces pyra-

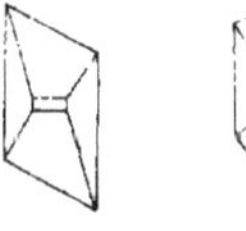

Fig. 2.

mides ont pour base un parallélogramme dont les côtés ne sont pas parallèles à ceux de la face ; tantôt les arêtes latérales de ces pyramides présentent une petite troncature ; dans certaines, enfin, le sommet est remplacé par une facette rectangulaire parallèle à la face du cube. Comme on le voit, ces figures ne décèlent qu'un axe binaire perpendiculaire à la base de la pyramide, c'est-à-dire coïncidant avec l'axe quaternaire du système réticulaire.

Ces pyramides ne peuvent évidemment posséder d'autre élément de symétrie ; ils ne peuvent en particulier avoir de centre, car deux pyramides opposées par le sommet appartiendraient au même cristal et seraient orientées parallèlement au point de vue optique, ce qui n'a pas lieu. D'ailleurs, j'ai obtenu des figures de corrosion sur une facette parallèle à l'axe binaire et à un axe d'élasticité optique ; pour obtenir cette facette, j'ai usé à la lime une arête du cube de façon à obtenir grossièrement une face parallèle à b^1 et, replongeant le cristal dans le milieu cristallisant ce cristal s'est cicatrisé, et j'ai obtenu une véritable face b^1. Il m'a suffi, alors d'élever légèrement la température du liquide pour déterminer la formation des figures de corrosion sur cette face. Comme le montre la figure 3, ces figures de corrosion

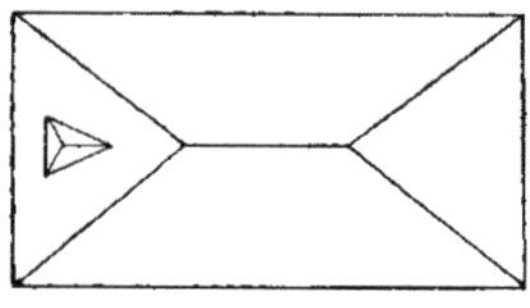

Fig. 3.

ont la forme de pyramides triangulaires dont une face, plus inclinée que les deux autres, est parallèle au côté de la base de la pyramide. Ces figures ne pourraient donc indiquer qu'un plan de symétrie passant par l'axe binaire, ce qui serait en contradiction avec la forme des figures obtenues sur la base.

Ces cristaux, ayant pour éléments de symétrie Λ^2, s'associent autour des axes ternaires du système réticulaire pour former une macle ayant pour éléments de symétrie $3\Lambda^2$, $4L^3$ et comprenant un nombre de cristaux égal à $\frac{12}{2} = 6$; dans chacun d'eux la face dominante est perpendiculaire au seul axe Λ^2 subsistant, c'est-à-dire coïncide avec la face du cube. Ces cubes sont donc identiques comme constitution aux cristaux de boracite décrits par M. Baumhauer.

Mais, dans cette macle comme dans beaucoup d'autres, chaque cristal peut englober des portions appartenant aux autres par leur orientation et, de cette superposition de parties orientées différemment, résulte une polarisation elliptique. Il est à remarquer que ces cristaux du mélange ne possèdent plus la polarisation rotatoire, comme je m'en suis assuré en examinant, à travers une lame demi-onde une section homogène perpendiculaire à un axe optique. De cette étude résulte que, tandis que les particules complexes du chlorate et du bromate possèdent, comme éléments de symétrie, $3A^2$, $4L^3$, celle du mélange ne possède plus que A^2.

On peut citer comme second exemple celui du nitrate de plomb et du nitrate de baryte, qui, pris isolément, présentent comme éléments de symétrie, suivant les conditions de cristallisation, soit $3A^2$, $4L^3$, soit $3A^2$, $4L^3$, 6P. Quand on les fait cristalliser ensemble, ils donnent naissance à des octaèdres biréfringents, se décomposant en huit pyramides ayant pour sommet le centre de l'octaèdre et pour base les faces de cet octaèdre. Au point de vue optique, chacune de ces pyramides est un cristal uniaxe dont l'axe optique coïncide avec l'axe ternaire du cube perpendiculaire à sa base. L'étude au moyen des figures de corrosion montre que deux pyramides opposées par le sommet appartiennent au même cristal ayant pour éléments de symétrie L^3, $3L^2$, C, 3P. Ces cristaux s'unissent pour former une macle ayant pour éléments $3A^4$, 4L, $6L^3$, C, $6P^2$, 3II, et comprennent par suite un nombre de cristaux égal à $\frac{48}{12} = 4$, chacun d'eux étant subdivisé par les éléments déficients; comme toujours, la face dominante est perpendiculaire à l'élément de symétrie le plus élevé, c'est-à-dire à l'axe ternaire. Ainsi donc la particule complexe du mélange présente encore ici une symétrie différente de celle observée dans les corps mélangés.

De cette étude des particules complexes dans les mélanges isomorphes résulte donc que les particules complexes des corps mélangés ne se conservent pas dans le mélange. Il se forme une nouvelle particule qui, le plus souvent, présente la même symétrie que celles des corps mélangés, mais qui, dans certains cas, possède une symétrie différente.

Il nous est maintenant facile de nous faire une idée nette de la structure des mélanges isomorphes et de ses rapports avec la structure des corps mélangés. Les molécules de ces derniers possèdent, au point de vue mécanique, de grandes analogies, puisque, par leurs associations, elles donnent naissance à des particules fondamentales, qui sont susceptibles d'édifier des édifices cristallins ayant des propriétés très voisines. On conçoit donc facilement que ces molécules peuvent se substituer les unes aux autres dans la constitution d'une nouvelle particule fondamentale qui participera naturellement à un degré plus ou moins éloigné des propriétés des particules fondamentales des deux corps. Mais, dans l'état actuel de nos connaissances, il nous est impossible de calculer les propriétés de la particule mixte en fonction des propriétés des particules primitives; nous ne connaissons, en effet, que des résultantes d'action moléculaire, sans pouvoir déterminer ce qui revient à chaque molécule, et il nous est par suite impossible de faire intervenir cette action moléculaire dans le calcul des propriétés de la particule mixte. On n'en comprend pas moins de cette façon que cette particule mixte doit constituer des édifices cristallins qui, en général, auront des propriétés voisines de celles des deux édifices cristallins composés par les particules primitives. C'est ainsi que le système réticulaire devra différer peu des deux systèmes réticulaires, que la symétrie sera le plus souvent la même, sans que cependant il y ait là une nécessité. On voit que, dans cette façon de concevoir le rapport des mélanges isomorphes avec leurs composantes, il n'y a aucune différence au point de vue de la structure entre ces mélanges et les autres corps cristallisés; on n'est nullement obligé de faire appel à une tolérance de la nature permettant à deux édifices légèrement différents de se mélanger. Ces édifices, en réalité, n'existent plus ; il s'en forme un nouveau qui, par la nature même de ses éléments, doit participer plus ou moins aux propriétés des deux édifices primitifs.

Je dois faire remarquer, en terminant, que, d'après quelques lignes contenues, sans référence bibliographique, dans les *Éléments de Cristallographie physique* de M. Soret, M. Fock aurait déjà exprimé une opinion se rapprochant beaucoup de celle développée dans ce dernier alinéa.

POLYMORPHISME.

On définit généralement le polymorphisme comme une propriété possédée par certains corps de présenter deux ou plusieurs formes incompatibles entre elles. Cette définition, comme celle de l'isomorphisme, a donné lieu à de nombreuses discussions, comme on pourra s'en rendre compte en lisant l'intéressant article de M. Wyrouboff, contenu dans le tome VIII de ce recueil. Mais, à vrai dire, les divergences d'opinions sur la définition du polymorphisme sont d'une importance secondaire et reposent surtout sur une question de mots. Tant que l'on a fait intervenir la forme extérieure seule des cristaux, il n'y eut aucune difficulté ; mais, lorsque, recherchant la cause de ces modifications dans la forme, on fut amené à les attribuer à des modifications de structure, on s'aperçut que des modifications de structure analogues pouvaient ne pas entrainer de modification dans la forme extérieure, mais seulement dans la symétrie ; que, dans d'autres cas même, la symétrie restait la même et que les changements de structure n'étaient révélés que par des variations dans les autres propriétés physiques.

Dans ces derniers cas, il n'y a plus, à proprement parler, de polymorphisme, puisque la forme n'est pas modifiée, et il y a lieu de se demander si l'on doit les comprendre dans la définition du polymorphisme. Mais la difficulté est facilement levée en créant une nouvelle expression pour réunir toutes les modifications de structure et en réservant celle de polymorphisme aux modifications des formes elles-mêmes, qui se produisent dans certains cas particuliers. Bien entendu, dans ce paragraphe, il est question du changement de structure sans aucune restriction, quels que soient les caractères nous permettant de les constater.

On sait depuis longtemps que, dans le cas du polymorphisme proprement dit, c'est-à-dire lorsqu'il y a multiplicité de formes cristallines, celles-ci se rapprochent beaucoup les unes des autres par la valeur de leurs angles ; ce que l'on exprime en disant que la forme la plus symétrique est une forme limite de celle qui l'est le moins. Ces faits sont trop connus pour qu'il soit nécessaire d'en citer des exemples. De là résulte immédiatement que les systèmes réticulaires des deux formes ne diffèrent que très peu l'un de l'autre et que la véritable différence réside dans une diminution des éléments de symétrie. Nous sommes donc amenés à nous demander s'il n'existerait pas de cas où les systèmes réticulaires seraient rigoureusement les mêmes et où la seule différence résiderait dans cette diminution de symétrie. Certains de ces cas ont déjà été constatés, lorsque la différence entre les symétries des deux formes est suffisante pour entrainer des modifications profondes dans les propriétés optiques ; tel est, par exemple, comme nous le verrons, le cas de la boracite. Mais on conçoit facilement que deux cristaux d'une même substance peuvent ne pas posséder la même symétrie et cependant présenter de grandes similitudes dans leurs propriétés physiques ; deux cristaux cubiques n'ayant pas la même symétrie, s'ils ont tous deux quatre axes ternaires, seront tous deux isotropes, et la différence de symétrie peut facilement échapper. Pour nous rendre compte de la difficulté que l'on peut avoir à déterminer la symétrie d'un cristal donné, il est nécessaire de se rendre un compte exact de la valeur des trois méthodes employées dans ce but.

On attribue aux corps cristallisés la symétrie présentée par les formes cristallines de leurs cristaux. Mais on ne tient compte que de la symétrie de la forme cristalline la moins symétrique, et on étend ce résultat à tous les autres cristaux présentant des formes plus symétriques. On explique cette symétrie plus élevée par la superposition sur le même cristal de plusieurs formes mériédriques, symétriques les unes des autres. Cette extension peut être parfaitement juste, mais elle peut également être erronée, et on n'est nullement en droit d'affirmer *a priori* que deux cristaux, présentant des formes cristallines différentes, possèdent la même symétrie dans leur structure. Tout ce que l'on peut dire, c'est que chacun des cristaux ne possède pas une symétrie supérieure à celle de sa forme.

En second lieu, l'étude des propriétés optiques fournit des renseignements généralement incomplets sur la symétrie. Si le cristal est isotrope, il appartient au système cubique; s'il est uniaxe, il appartient soit au système cubique, soit à un système ayant un axe principal; enfin, s'il est biaxe, il rentre dans l'un quelconque des sept systèmes. Quelquefois l'étude de la dispersion permet de pousser un peu plus loin la détermination des éléments de symétrie; mais, en général, l'étude optique ne donne que des renseignements sur le degré de symétrie, sans permettre de préciser la nature exacte de cette symétrie. Quoi qu'il en soit, si deux cristaux d'une même substance appartiennent à deux des catégories précédentes, ou si, appartenant à la même catégorie, ils présentent des caractères optiques différents, tantôt on admet le dimorphisme, tantôt on admet l'existence d'anomalies optiques, ce qui, d'ailleurs, n'explique rien. En réalité, il est bien évident qu'une différence dans les propriétés optiques ne peut être que la conséquence d'une différence dans la structure, c'est-à-dire d'un polymorphisme dans le sens général du mot.

La troisième méthode, qui, quoique empirique, fournit les renseignements les plus complets, est celle des figures de corrosion. On sait que les figures de corrosion qui se produisent sur une face ont les mêmes éléments de symétrie que cette face. Il en résulte que, si un cristal possède un plan de symétrie, toutes les faces et sections appartenant à la zone ayant pour axe la normale à ce plan doivent se couvrir de figures de corrosion ayant le plan pour plan de symétrie ; la présence d'un plan de symétrie peut donc se contrôler d'une infinité de façons, au moyen de sections appartenant à la zone indiquée. Il en est de même de l'existence d'un centre de symétrie, puisque, sur une lame à faces parallèles orientées d'une façon quelconque, les figures obtenues sur les deux faces doivent être symétriques les unes des autres relativement à un point. Les axes de symétrie sont malheureusement moins bien déterminés, car les figures des seules sections normales à cet axe doivent le posséder. Or, dans certaines espèces minérales, des cristaux présentent des figures plus symétriques que celles observées sur d'autres. Les auteurs en tirent, suivant les cas, des conclusions différentes : tantôt, opérant comme pour la forme cristalline, on attribue à tous les cristaux la symétrie la moins élevée ; tantôt on considère les figures les moins symétriques comme des anomalies comparables, dit M. Baumhauer (1) aux anomalies optiques.

(1) Baumhauer, *Zeitschrift f. Kryst. u. Min.*, t. XXX.

Nous avons vu qu'il n'y a pas d'anomalies optiques, et tout porte à croire qu'il n'y a pas non plus de figures de corrosions anomales. Mais, en réalité, les méthodes employées pour déterminer les éléments de symétrie d'un corps cristallisé laissent une large marge à l'incertitude, et le fait d'étendre à tous les cristaux d'une espèce les résultats fournis par l'un de ces cristaux, a pour conséquence de laisser échapper les cas de polymorphisme de structure, qui, loin d'être une exception, doit être, au contraire, considéré comme une propriété générale des corps cristallisables. A mon avis, toute cause entrainant un changement dans la forme cristalline est *susceptible* d'entrainer un changement dans la structure. Il est à remarquer, en effet, que, tandis que le polymorphisme est accepté sans discussion pour les espèces obtenues dans les laboratoires, telles que soufre, azotate d'ammoniaque, etc., qui offrent jusqu'à quatre ou cinq formes, au contraire, quand il s'agit d'espèces naturelles, on ne l'accepte qu'avec répugnance, et cependant les conditions de cristallisation sont certainement très variées dans la nature, et il doit en résulter également des variations dans la structure.

Quelques exemples ne seront pas inutiles pour éclairer les notions générales précédentes et pour mettre en évidence les conditions auxquelles satisfont toujours les différents édifices cristallins d'une même espèce.

Le nitrate de plomb cristallise, comme on le sait, dans le système cubique avec $3\Lambda^2,4L^3$ pour éléments de symétrie. Il se présente presque toujours en octaèdres, résultant de la macle par pénétration de deux tétraèdres ; autrement dit ces octaèdres se décomposent en huit pyramides ayant pour sommet commun le centre du cristal et pour base ses faces latérales. Les faces du dodécaèdre pentagonal s'observent assez fréquemment comme troncature. En outre, les figures de corrosion sur les faces des tétraèdres affectent la forme de pyramide triangulaire indiquant la présence d'un axe ternaire. Mais les plans de symétrie de ces pyramides ne sont pas perpendiculaires sur les arêtes des tétraèdres ; ils font avec elles un angle déterminé, de signe contraire sur les deux tétraèdres, ce qui permet de distinguer les tétraèdres gauches des tétraèdres droits (1).

Or, si l'on fait évaporer très lentement une dissolution de nitrate de plomb de façon à obtenir en cinq ou six jours de petits cristaux de 2 millimètres de côté, ces cristaux présentent comme formes cristallines les faces du tétraèdre, du cube et d'un tétrahexaèdre. Suivant les conventions habituelles, cette dernière forme devrait être considérée comme résultant de la superposition de deux dodécaèdres pentagonaux. Or, si l'on fait naître des figures de corrosion sur les faces tétraédrales, on obtient toujours des pyramides triangulaires régulières ; mais, dans ce cas, les plans de symétrie de ces pyramides sont perpendiculaires sur les arêtes du tétraèdre ; il n'y a plus de tétraèdres gauches et de tétraèdres droits. De même les figures de corrosion obtenues sur toutes les faces tangentes aux arêtes du tétraèdre possèdent un plan de symétrie coïncidant avec l'un de ceux du tétraèdre. Il faut donc bien admettre que ces cristaux ont pour éléments de symétrie $3A^2$, $4L^3$, $6P$.

Je ferai remarquer que les deux sortes de cristaux ont la même densité, et qu'en outre, conformément à la loi de Glastan, ils ont sensiblement le même indice de réfraction.

La cuprite, également cubique, est considérée comme hémisymétrique, parce que Miers a observé de beaux hémihexoctaèdres, présentant un clivage parfait parallèlement aux faces du cube. Or, à Chessy, on trouve des octaèdres,

(1) L. Wulff, *Zeitschrift f. Kryst. u. Min.*, t. VI.

des rhombododécaèdres, qui ont un clivage imparfait, parallèlement aux faces de l'octaèdre et auxquels, par extension, on attribue les mêmes éléments de symétrie. Or, sur les faces du cube, on obtient, comme figures de corrosion, des pyramides quadratiques régulières dont les arêtes de base sont parallèles aux diagonales de la face du cube ; sur la face de l'octaèdre, des pyramides triangulaires régulières dont les plans de symétrie sont perpendiculaires sur les arêtes de l'octaèdre ; sur les faces du rhombododécaèdre, des pyramides à base losangique ayant deux plans de symétrie coïncidant avec ceux de la forme cristalline, etc. Il est donc bien certain que les cristaux de Chessy possèdent des plans de symétrie et sont, par suite, holoédriques.

Le chlorure de sodium cristallise généralement en cubes, et, sur certains, M. Gill a observé des figures de corrosion indiquant d'une façon certaine, comme M. Groth a bien voulu me le confirmer, une hémiédrie holoaxe. Or des cristaux de cette substance, obtenus par cristallisation lente et traités par l'alcool absolu, ont présenté des figures de corrosion de la plus grande netteté, démontrant l'existence de plans de symétrie, c'est-à-dire l'holoédrie.

Dans tous ces cristaux, la densité et le système réticulaire restent constants ; les éléments de symétrie seuls varient. Mais ceux-ci peuvent également se retrouver dans les différentes formes, et la variation de structure n'est indiquée que par une variation dans les propriétés physiques et, en particulier, dans les propriétés optiques.

Le quartz, par exemple, est polymorphe. On sait, en effet, qu'il possède la polarisation rotatoire tantôt gauche, tantôt droite, que dans d'autres cas il est neutre. Il y a donc là trois structures différentes. A un autre point de vue on sait, comme l'a montré M. Wyrouboff, que le système réticulaire du quartz est hexagonal. Or ce sont tantôt les axes binaires de première espèce, tantôt ceux de la seconde espèce qui se retrouvent dans l'édifice cristallin ; les éléments constituants de certains cristaux ont subi une rotation de 30° autour de l'axe sénaire, relativement aux éléments des autres cristaux ; les propriétés optiques ne sont naturellement pas modifiées.

Un autre exemple est celui de l'orthose offrant deux variétés différant par l'orientation du plan des axes optiques, mais ayant même forme cristalline, même densité. Les indices de réfraction sont sensiblement les mêmes ; cependant, la réfringence étant faible, les variations dans la grandeur des indices sont suffisantes pour entraîner un changement dans les rapports de ces indices et déterminer une variation notable dans l'orientation du plan des axes optiques.

Mais les variations de grandeur des indices dans l'orthose sont si faibles que l'on conçoit sans peine la possibilité, dans certains cas, d'une orientation constante pour le plan des axes optiques. Et alors les modifications de structure passeront complètement inaperçues, si l'on n'a à sa disposition, comme moyens d'investigation, que l'étude des formes cristallines et des propriétés optiques.

Des exemples que nous venons de citer et de beaucoup d'autres cas, résultent deux faits : lorsqu'il y a polymorphisme de structure, ces modifications de structure ont toujours lieu de façon à ce que : 1° le système réticulaire reste le même ; 2° la densité ne change pas. Ce sont donc ces deux faits qui doivent servir de base à toute théorie géométrique du polymorphisme, en se réservant de montrer ensuite pourquoi, dans certains cas, il y a une légère déformation du système réticulaire, accompagné d'une variation de même ordre dans la densité.

Considérons d'abord le cas le plus simple, celui où le corps présente, dans ses différentes structures, les mêmes éléments de symétrie. On sait que les positions des particules fondamentales d'un édifice cristallin se déduisent de la position de l'une d'elles, en donnant à celle-ci les mouvements de translation du système réticulaire et en prenant ses symétriques relativement aux différents éléments de symétrie. Mais l'orientation de la particule initiale autour de son centre de gravité est déterminée par ce fait que, dans l'édifice cristallin, les conditions d'équilibre doivent être satisfaites ; si pour un corps il y a deux orientations de cette particule pour lesquelles ces conditions sont satisfaites, il pourra, par cela même, donner naissance à deux édifices cristallins, ayant même système réticulaire, mêmes éléments de symétrie et même densité, mais ayant des structures différentes. Les constantes physiques de ces deux édifices ne seront pas identiques, quoique les ellipsoïdes d'élasticité optique différeront peu, et dans l'état actuel de nos connaissances il ne sera pas possible de déduire les constantes de l'un des constantes de l'autre.

Les deux édifices, ne différant que par l'orientation des particules, pourront se mélanger en portions *finies* dans un même cristal, où les systèmes réticulaires de l'un des édifices se confondront avec ceux de l'autre édifice ; c'est ce que l'on observe dans le quartz, l'orthose, le zoïsite (1), etc.

Considérons maintenant le cas plus complexe où les deux édifices cristallins, ayant mêmes systèmes réticulaires, même densité, n'ont pas les mêmes éléments de symétrie. Soient : A, le groupe d'éléments de symétrie du plan symétrique ; B, celui du second que nous supposerons d'abord mériédrique du groupe A ; a et b, les nombres d'orientations d'un corps quelconque dont on prend les symétriques relativement aux groupes A et B ; n, le rapport $\frac{a}{b}$ toujours entier. Dans l'édifice

(1) Termier, *Bull. de la Société minér.*, t. XXI.

cristallin, possédant les éléments de symétrie du groupe A, les particules fondamentales d'une particule complexe possèdent *a* orientations différentes. Ces *a* orientations peuvent se déduire de l'orientation de l'une des particules par plusieurs processus et, en particulier, de la façon suivante : En prenant les symétriques de la particule initiale relativement aux éléments du groupe A, n'intervenant pas dans le groupe B, on obtient ainsi *n* particules, et, en prenant ensuite les symétriques de ces *n* particules relativement aux éléments du groupe B, on obtient les $n.b = a$ particules.

Or supposons qu'avant d'effectuer cette dernière opération, les *n* particules tournent autour de leur centre de gravité, de façon à perdre leurs positions symétriques relativement aux éléments de symétrie du groupe A n'appartenant pas au groupe B ; en prenant ensuite leurs symétriques relativement au groupe B, on obtiendra un nouvel édifice cristallin n'ayant plus que les éléments de symétrie du groupe B, mais ayant les mêmes systèmes réticulaires et la même densité que le premier édifice. La particule fondamentale du second édifice est constituée par *n* particules du premier, et naturellement les constantes physiques de l'un des édifices sont, en général, des fonctions très complexes et encore inconnues des constantes de l'autre.

Nous avons supposé que l'un des édifices était mériédrique de l'autre ; si ce n'est pas le cas, ayant le même système réticulaire, ils sont forcément mériédriques d'un troisième, duquel on peut les déduire séparément ; c'est ce qui a lieu pour la fluorine biaxe et la fluorine uniaxe, qui ne sont pas mériédriques l'une de l'autre, mais qui sont toutes deux mériédriques de la fluorine isotrope.

Il n'est pas inutile de rappeler que les cristaux ayant pour éléments de symétrie ceux du groupe B, sont mériédriques et, par suite, jouissent de la propriété de se macler suivant la loi de Mallard, c'est-à-dire autour des éléments de symétrie déficients, de façon que la macle possède les éléments de symétrie du groupe A, et le nombre de cristaux entrant dans cette macle est précisément égal à *n*. Les cristaux ont pour arêtes communes les axes déficients et pour faces communes les plans de symétrie déficients ; mais, en outre, ils peuvent se pénétrer, et des portions finies de l'un d'eux se trouver au milieu des autres. De plus, si les deux édifices cristallins sont stables à la même température, des portions finies de ces deux édifices, ayant mêmes systèmes réticulaires, peuvent concourir à la formation d'un même cristal, de sorte que, dans une macle, on trouvera des portions de l'édifice le plus symétrique et de *n* cristaux maclés ; c'est ce que l'on observe dans les grenats, la fluorine, etc.

Il nous reste à expliquer pourquoi, dans certains cas, il y a une légère déformation du système réticulaire dans l'édifice le moins symétrique. Cette explication résulte immédiatement de ce que nous avons dit à propos de la rareté de certaines formes mériédriques. Tant que la symétrie du cristal est supérieure à celle du système réticulaire ayant une symétrie immédiatement inférieure à celle de son propre système réticulaire, les conditions auxquelles doivent satisfaire les actions mécaniques que les particules complexes exercent les unes sur les autres sont forcément remplies par simple raison de symétrie, en dehors de toute propriété spéciale des particules fondamentales, et il n'y a alors aucune déformation du système réticulaire. Mais, si la symétrie du cristal est celle d'un système réticulaire de symétrie inférieure à celle du sien propre, ces conditions d'équilibre ne se trouvent plus satisfaites uniquement par raison de symétrie ; elles doivent découler de propriétés spéciales de la particule fondamentale. Si ces propriétés font partiellement défaut à la particule, les conditions ne seront plus rigoureusement satisfaites, et l'équilibre ne sera obtenu que grâce à une légère déformation du système réticulaire, *qui fait rentrer le cristal dans la règle générale*, déformation accompagnée d'une modification dans la densité. Naturellement cette déformation du système réticulaire, cette modification de la densité, peuvent entraîner des variations notables dans la valeur des autres constantes physiques et, en particulier, dans celles des indices de réfraction.

En conservant les notations données plus haut, on a vu que l'édifice cristallin B pouvait donner naissance à des macles comprenant *n* cristaux, c'est-à-dire un nombre, précisément égal à celui des groupes de particules fondamentales, de symétrie B, constituant l'édifice cristallin de symétrie A. Or, si l'on se rappelle que Mallard s'appuyait, pour expliquer la structure de l'édifice A, sur la considération des macles des cristaux de symétrie B autour des éléments de symétrie déficients du système réticulaire, on voit combien il s'était approché de la vérité par l'observation seule. Admettant que, dans un mélange isomorphe, les particules complexes des corps mélangés conservaient leur individualité, il comparait l'édifice A à un mélange isomorphe constitué par les particules complexes des édifices B symétriquement orientées par rapport aux éléments déficients. Or nous avons vu qu'il était impossible d'admettre que, dans un mélange isomorphe, les particules complexes des corps mélangés conservassent leur individualité et, en outre, le fait de conserver à la particule complexe de l'édifice B son individualité donne à la solution un caractère trop restreint pour qu'elle puisse s'appliquer à tous les cas. D'ailleurs Mallard, n'ayant pas à sa disposition les résultats que nous devons aux mathématiciens, avait dû se contenter d'exprimer des idées générales sur la question sans pouvoir la résoudre complètement. Cela résulte très clairement du seul exemple qu'il eût approfondi et qui était destiné à montrer comment on peut passer du nitre orthorhombique au nitre rhomboédrique (1). Ce passage est nettement indiqué par la

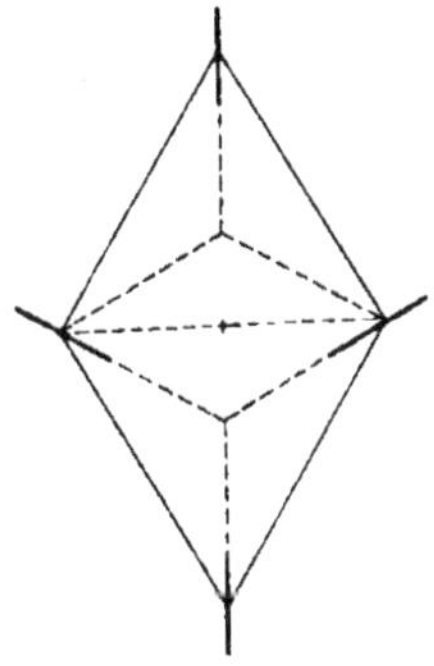

Fig. 4.

figure ci-jointe (*fig.* 4), qui représente un plan réticulaire perpendiculaire à l'axe hexagonal. On voit que le nitre rhombique a pour axe binaire l'axe sénaire ; et le nitre rhomboédrique pour axe ternaire, non pas l'axe sénaire, mais l'axe ternaire passant par le centre de gravité des triangles équilatéraux qui, par leur juxtaposition, forment les mailles du plan réticulaire. Or, sur ces axes ternaires, il n'existe pas de centre du système réticulaire, les centres étant exclusivement situés sur les axes d'ordrepair ; l'édifice cristallin ainsi constitué ne peut donc posséder de centre. Aussi Mallard lui-même dit-il : « Il n'est pas possible que le groupement que nous avons choisi comme le plus simple pour rendre compte du passage du nitre, de la forme rhombique à la forme rhomboédrique, soit précisément celui que réalise la nature. En effet, après ce groupement, si la particule a bien acquis un axe ternaire et trois plans de

(1) Mallard, Les groupements cristallins (*Revue scientifique*, 1887).

symétrie passant par cet axe, elle n'a pas acquis, comme il le faudrait, un centre de symétrie et trois axes binaires. »

En réalité, si nous désignons les éléments de symétrie du système réticulaire par les symboles Λ^6, $3L^2$, $3L'^2$, C, 3P', 3P, II, le nitre rhombique a pour éléments de symétrie Λ^2, L^2, L'^2,C,P', P, II, et le groupement proposé par Mallard, Λ^3, $3L^2$, 3P', II. Cet exemple montre donc qu'au moyen de particules dissymétriques on peut constituer un édifice plus symétrique. Cela ne suffit pas : il faut, en réalité, montrer comment on peut passer d'un édifice ayant pour éléments de symétrie Λ^2, L^2, L'^2C, P', P, II, à un autre édifice ayant pour éléments de symétrie Λ^3, $3L^2$, C, 3P. Or, avec un peu d'attention, on voit que, nécessairement, l'axe sénaire du système réticulaire doit être et l'axe binaire de la forme rhombique et l'axe ternaire de la forme rhomboédrique ; par suite, le centre du système réticulaire coïncidant avec le centre de la particule complexe orthorhombique doit également coïncider avec le centre de la particule complexe rhomboédrique. Il faut donc, dans le passage d'une forme à l'autre, que la particule complexe se dissocie pour permettre à ses éléments de constituer une autre particule complexe. Il n'est donc pas possible, comme on le voit, de considérer la forme rhomboédrique comme résultant du groupement de particules orthorhombiques.

Voyons quelle est exactement la solution : nous remarquerons d'abord que le système réticulaire est forcément sénaire et non pas ternaire, comme on le dit trop souvent ; que, par suite, la forme rhomboédrique et la forme orthorhombique sont toutes les deux des formes mériédriques d'une forme hexagonale de laquelle nous devons les faire dériver.

Considérons un domaine complexe de l'édifice holoédrique, au centre duquel se coupent les éléments de symétrie. Les plans de symétrie subdivisent ce domaine en vingt-quatre parties, qui sont vingt-quatre domaines fondamentaux. En plaçant dans l'un d'eux une particule fondamentale et en prenant ses symétriques relativement aux éléments de symétrie du domaine, on obtient la particule complexe de l'édifice holoédrique; nous désignerons les vingt-quatre particules fondamentales constituant cette particule com-

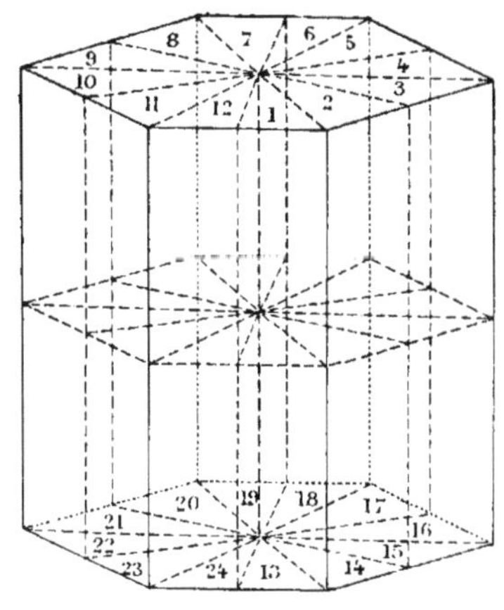

plexe par les chiffres 1, 2, ..., jusqu'à 24 (*fig.* 5). Pour passer de l'édifice holoédrique à l'édifice mériédrique ayant pour éléments de symétrie Λ^3, $3L^2$, C, 3P, il suffit de remarquer que, dans ce cas, le chiffre n est ici égal à $\frac{24}{12} = 2$, et en effet on voit, sur la figure, que les deux groupes de particules désignées, d'une part par les chiffres pairs, de l'autre par les chiffres impairs, ont tous deux les éléments de symétrie indiqués plus haut et sont symétriques l'un de l'autre par rapport aux éléments déficients, c'est-à-dire Λ'^3, $3L'^2$, $3P'$, Π. Il suffit donc de supposer que les particules 1 et 2, par exemple, tournant autour de leur centre de gravité, retrouvent une position d'équilibre, et de prendre leurs symétriques relativement au groupe de symétrie hémiédrique pour obtenir un édifice n'ayant plus pour éléments de symétrie que Λ^3, $3L^2$, C, 3P. Dans ce cas, bien entendu, par simple raison de symétrie, les conditions auxquelles doivent satisfaire les actions qu'exercent les particules complexes seront satisfaites, et il ne se produira aucune déformation du système réticulaire.

Si maintenant on veut passer à l'édifice mériédrique ayant pour éléments Λ^2, L^2, L'^2, C, P, P', Π, on remarque que le nombre n est égal à $\frac{24}{8} = 3$ et qu'en effet les trois groupes de particules désignés par les chiffres

1	6	7	12	13	18	19	24
2	5	8	11	14	17	20	23
3	4	9	10	15	16	21	22

présentent respectivement les éléments de symétrie indiqués plus haut et sont symétriques les uns des autres relativement aux éléments déficients. Si donc les particules 1, 2, 3, tournent autour de leurs centre de gravité, et si l'on prend ensuite leurs symétriques relativement aux éléments Λ^2, L^2, L'^2, C, P', P, Π, on obtiendra un édifice ayant ces mêmes éléments de symétrie. Mais, dans ce cas, les conditions auxquelles doivent satisfaire les actions des particules complexes ne sont plus remplies par raison de symétrie, mais en conséquence de propriétés particulières des particules fondamentales; il pourra donc se produire une légère déformation du système réticulaire ; c'est ce qui a lieu pour le nitre orthorhombique.

On voit, par cet exemple du nitre, combien le passage d'une forme à l'autre s'effectue simplement, grâce à la considération des domaines fondamentaux que nous devons à M. Schœnfliess.

EXEMPLES.

Je n'ai pas l'intention de reprendre l'étude de tous les corps offrant soit le phénomène du polymorphisme, soit les phénomènes désignés sous le nom d'anomalies optiques. Je voudrais simplement montrer, par quelques cas complètement étudiés, combien sont fortes les présomptions en faveur des idées développées dans les paragraphes précédents. Jusqu'ici, en effet, on ne s'est pas attaché à déterminer par voie directe la symétrie des corps cristallisés soumis à l'étude. Le plus souvent cette symétrie a été déduite des rapports de position entre l'ellipsoïde d'élasticité optique et la forme cristalline : si le cristal biaxe présente un axe d'élasticité optique perpendiculaire à une face, on le considère comme orthorhombique, si seul un plan d'élasticité est perpendiculaire sur cette face, le cristal est classé parmi les cristaux monocliniques ; etc. Il y a de fortes présomptions en faveur de ces conclusions, grâce à la remarque faite précédemment que les faces dominantes sont généralement perpendiculaires soit sur un axe de symétrie, soit sur un plan de symétrie. Mais il n'y a là que des présomptions et non une démonstration. Il n'est donc pas inutile de combler la lacune par quelques exemples.

Boracite. — L'exemple de la boracite est d'autant plus précieux qu'il a été étudié aux différents points de vue par des auteurs différents ; la concordance des résultats est donc absolument concluante.

Au point de vue des formes cristallines, la boracite se présente en cristaux cubiques tétartoédriques où les faces dominantes sont tantôt les faces p, tantôt les faces b^1, avec les troncatures a^1 et a^2. Les angles que font entre elles ces faces sont rigoureusement ceux que font entre elles les faces d'un cristal cubique, et il faut bien admettre que le système réticulaire est terquaternaire.

Au point de vue optique il y a deux types de structure à distinguer. Mallard (1) a décrit un premier type dans lequel le cristal est formé de douze pyramides ayant pour sommet commun le centre du cristal, et pour bases les faces du rhombododécaèdre. Dans chacune de ces pyramides, l'axe moyen d'élasticité est dirigé suivant l'axe quaternaire du système réticulaire parallèle à la base de la pyramide, et la bissectrice de l'angle aigu des axes optiques est perpendiculaire à cette base. L'angle des axes optiques étant de 83°, les axes sont sensiblement perpendiculaires sur les faces du cube.

L'autre type de structure a été décrit par M. Baumhauer (2). Chaque cristal se compose de six pyramides ayant toujours pour sommet le centre du cristal et pour bases les six faces du cube. L'axe moyen d'élasticité est perpendiculaire sur la base, et les deux autres axes d'élasticité optique sont parallèles aux diagonales de la face du cube qui sert de base, et à un même sommet du cube aboutissent trois axes d'élasticité du même nom. Autrement dit, la structure est la même que celle décrite plus haut pour les cristaux, mélanges isomorphes de chlorate et de borate de soude.

Dans les deux cas, d'ailleurs, il arrive fréquemment que chaque pyramide renferme des enclaves orientées optiquement comme les autres pyramides.

M. Baumhauer (3) a recherché avec le plus grand soin les éléments de symétrie de la boracite. Cette recherche était

(1) Mallard, *Annales des Mines*, 1876.
(2) Baumhauer, *Zeitschrift f. Kryst. u. Min.*, t. III.
(3) Baumhauer, *Die Resultat der Ætzmethode*.

rendue très difficile par la présence des enclaves, qui prennent souvent comme étendue une importance comparable à celle de la pyramide qui les renferme. De ces observations résultent cependant très clairement que chaque pyramide possède un axe binaire coïncidant avec l'axe optique moyen et deux plans de symétrie coïncidant avec les plans principaux d'élasticité passant par cet axe.

On voit donc que l'axe binaire coïncide avec un axe quaternaire du système réticulaire et les plans de symétrie avec les deux plans non principaux passant par cet axe quaternaire.

La boracite possède donc une structure mériédrique du système cubique et, par suite, ses cristaux doivent se macler autour des éléments déficients de façon à ce que la macle présente la totalité ou une partie des éléments de symétrie du système réticulaire. Dans les deux types de structure, ces

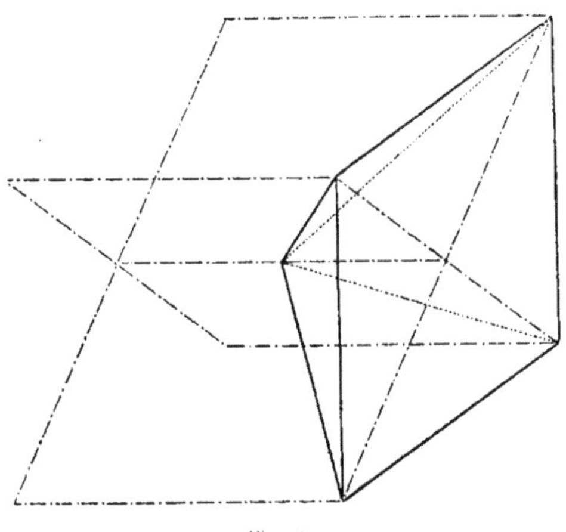

Fig. 6.

macles ont pour éléments de symérie $3\Lambda^2$, $4L^3$, $6P$ et, comme chaque cristal a pour élément Λ^2, $2P$, il en résulte que chaque macle renferme $\frac{24}{4} = 6$ cristaux. La différence de structure résulte simplement de la façon dont ces cristaux se pénètrent, comme on le voit dans les figures 6 et 7, où les

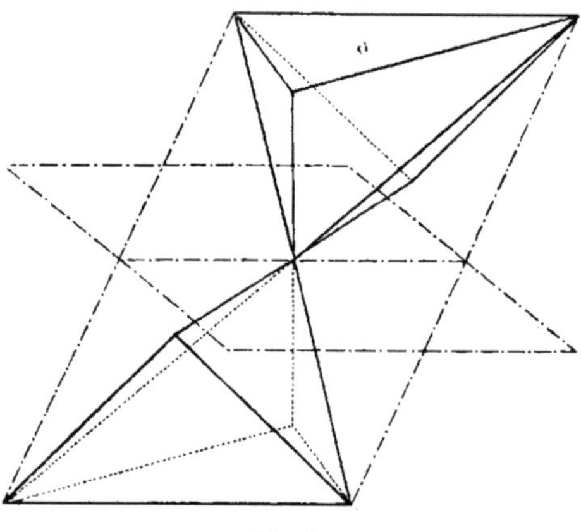

Fig. 7.

éléments de symétrie sont orientés parallèlement et dans lesquelles un seul cristal est représenté. Dans la structure reconnue par M. Baumhauer, un cristal a pour arête latérale les quatre axes ternaires déficients, et l'axe binaire coïncide avec la hauteur. Au contraire, dans la structure constatée par Mallard, chaque cristal se compose de deux pyramides opposées par le sommet et ayant pour arêtes latérales deux axes ternaires et les deux axes quaternaires qui ne coïncident pas avec son axe binaire. Ce cristal n'est coupé que par l'un de ses plans de symétrie ; l'autre passe entre les deux pyramides, ainsi que l'axe binaire.

On voit donc que la différence entre ces deux structures est toute superficielle et ne dépend que de la forme extérieure des cristaux constituant les macles. Si donc on se rappelle que ces cristaux peuvent se pénétrer les uns les autres, on ne sera pas étonné que certaines macles présentent une structure intermédiaire aux deux structures qui viennent d'être décrites, comme cela a été constaté par M. Baumhauer sur des cristaux de Westeregeln.

On sait que la boracite est dimorphe et que, si on chauffe un cristal biaxe à 265°, il devient isotrope. On voit donc que la nature du système réticulaire n'est pas modifiée dans le passage d'une structure à l'autre. On ne connait pas les éléments de symétrie de cette boracite isotrope ; mais il est fort probable qu'elle possède la même symétrie que la macle constituée par les cristaux biaxes ; elles auraient donc pour éléments $3\Lambda^2$, $4L^3$, 6P. Il est donc fort facile de déduire de sa structure celle de cristaux biaxes ayant pour symétrie Λ^2, 2P, en suivant la règle générale indiquée plus haut.

Pyrénéite. — Cette substance cristallise, comme on le sait, en rhombododécaèdres dont les angles sont exactement ceux d'un cristal cubique. On n'a donc aucune raison d'attribuer à ce cristal un système réticulaire autre que le système terquaternaire.

Mais, au point de vue optique, Mallard (1) a montré que ces rhombododécaèdres se décomposaient en douze pyramides ayant leur sommet au centre du cristal et dont les bases coïncident avec les faces extérieures du cristal. La constitution est donc analogue au premier type de structure de la boracite. Chacune de ces pyramides est optiquement biaxe ; le plan des axes optiques passe par la grande diagonale du rhombe de base et est perpendiculaire à cette base ; il coïncide donc avec un plan de symétrie principal du réseau ; des deux bissectrices, la bissectrice obtuse n_p est perpendiculaire à la base, l'autre lui est parallèle ; elles coïncident

(1) MALLARD, *Bulletin de la Soc. min.*, t. XIV.

par conséquent avec des axes binaires de système réticulaire, tandis que l'axe moyen est parallèle a un axe quaternaire. L'angle des axes optiques est, d'après Mallard, de 56°.

Pour déterminer exactement les éléments de symétrie de chacune de ces pyramides, je ne pouvais employer que la méthode des figures de corrosion, obtenues sur des sections déterminées par l'emploi de l'acide fluorhydrique bouillant, agissant pendant une ou deux minutes.

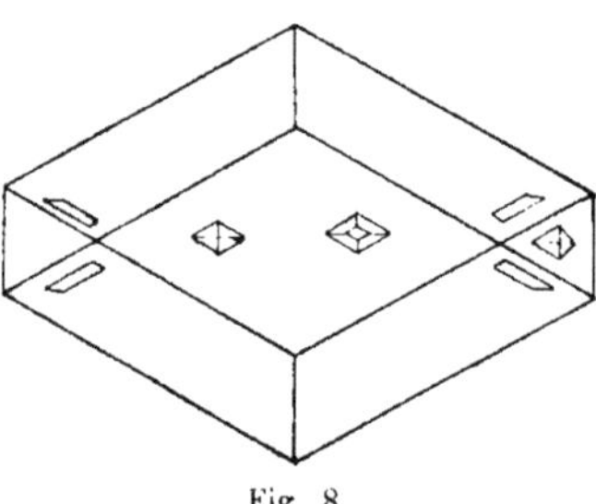

Fig. 8.

Une section parallèle à la face du rhombododécaèdre (*fig.* 8) intéresse sept pyramides : l'une, centrale, est coupée suivant un losange perpendiculairement à n_p ; deux autres sont coupées suivant des triangles perpendiculairement à n_g, et quatre autres suivant des sections obliques sur les axes d'élasticité optique. Sous l'influence de l'attaque à l'acide fluorhydrique, on voit naître, sur le losange central, des figures de corrosion ayant la forme de pyramide quadrangulaire à base losangique présentant deux plans de symétrie coïncidant avec le plan des axes optiques et le plan $n_p n_m$ Le sommet de ces pyramides peut d'ailleurs être remplacé par une face parallèle à la base. Sur la section triangulaire les figures de corrosion ont la même forme générale avec une déformation ne laissant subsister que le plan de symétrie parallèle à leur plan des axes optiques. Sur les deux sections, qui appartiennent à des cristaux symétriques relativement au centre, les figures ne sont pas parallèles, mais symétriques par rapport au centre de la section. Enfin, sur les quatre sections obliques, apparaissent des figures très nettement dissymétriques, comme l'indique la figure.

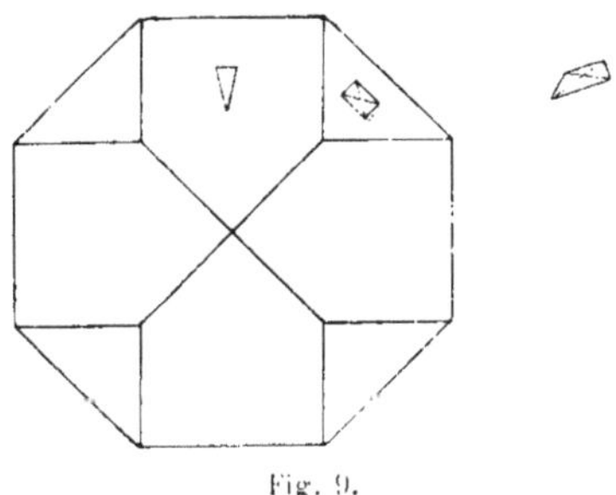

Fig. 9.

Une section faite dans un cristal perpendiculairement à un axe quaternaire et assez près du centre intéresse huit pyramides (*fig.* 9); quatre se rencontrant au centre sont coupées perpendiculairement au plan $n_g n_p$, et quatre latérales sont coupées perpendiculairement à n_m. Les figures de corrosion des quatre premières sont si petites qu'il est fort difficile d'en distinguer la forme. Elles se présentent comme de petits triangles dont un angle très aigu est dirigé par le centre de la section, tandis que la base opposée est parallèle au côté de cette section. Tout me porte à croire que ces figure ont, en réalité, la forme d'un tétraèdre très aigu dont une face est dans le plan de la face attaquée et dont le sommet s'enfonce vers le centre, comme le montre la figure. Elles auraient donc un plan de symétrie coïncidant avec le plan $n_g n_p$. Quant aux sections des pyramides latérales, elles montrent des figures de forme quadratique régulières, ayant deux de leurs côtés parallèles au côté extérieur de la section.

Enfin une section du cristal faite perpendiculairement à un axe ternaire intéresse trois pyramides qui sont coupées perpendiculairement au plan $n_{,}n_{,,,}$ et les figures de corrosion, (*fig.* 10) ont la forme de pyramides triangulaires régulières ayant leurs arêtes de base parallèles aux bords extérieurs de la section.

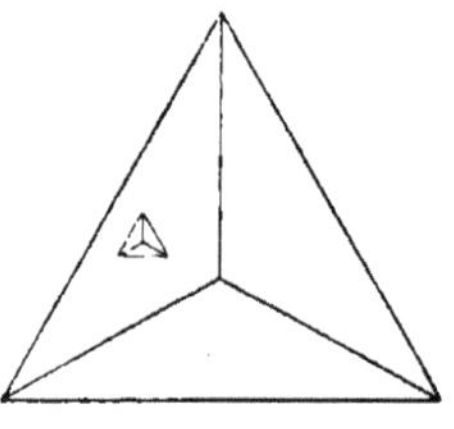

Fig. 10.

De cette courte étude semble donc bien résulter que, si nous désignons par le symbole $3\Lambda^4,4L^3,6L^2,C,6P,3\Pi$, les éléments de symétrie du système réticulaire, chaque pyramide appartient à un cristal ayant pour éléments de symétrie L^2, Π, P. La symétrie est donc de même nature que celle de la boracite ; mais les éléments du système réticulaire qui sont employés dans le cristal ne sont pas les mêmes.

Ces cristaux mériédriques se groupent pour donner naissance à une macle ayant tous les éléments de symétrie du système réticulaire ; elle est donc constituée par un nombre de cristaux égal à $\frac{48}{4} = 12$, qui ont pour arêtes latérales les axes déficients, c'est-à-dire les axes quaternaires et les axes ternaires. La face dominante est perpendiculaire sur l'axe binaire L^2 du cristal et sur les plans de symétrie.

Boléite. — Cette substance, décrite par MM. Mallard et Cumenge dans les tomes XIV et XVI de ce recueil, cristallise en cubes portant, dans certains cas, des facettes octaédriques. Rien dans la mesure des angles ne permet d'attribuer à ces cristaux un réseau différent du réseau terquaternaire. Cependant les propriétés optiques ont permis de distinguer dans les cubes six pyramides ayant pour bases les faces du cube. Chacune de ces pyramides est optiquement uniaxe, l'axe optique étant perpendiculaire à la base, c'est-à-dire parallèle à un axe quaternaire du cube. Il arrive d'ailleurs assez fréquemment que, dans une pyramide, on rencontre des lames parallèles à sa base, mais optiquement orientées comme une autre des pyramides. Certains cristaux renfermeraient également des plages isotropes, que je n'ai d'ailleurs pas eu l'occasion d'observer.

Voyons quels sont les éléments de symétrie des cristaux uniaxes. Une lame, taillée parallèlement à une face du cube, intéresse cinq pyramides, une centrale taillée perpendiculairement à l'axe optique et quatre taillées parallèlement à leur axe. Une telle lame, attaquée par l'acide azotique très

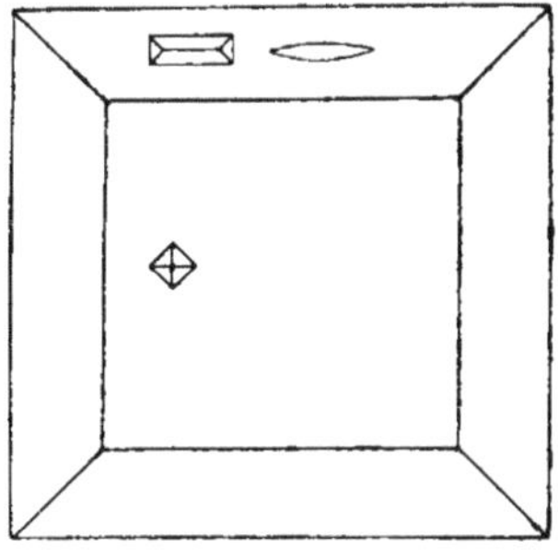

Fig. 11.

étendu d'eau, montre dans la partie centrale (*fig.* 11) des figures de corrosion quadratiques régulières dont les côtés sont parallèles aux diagonales de la lame.

Dans les parties latérales, ces figures affectent soit une forme lenticulaire à grand axe parallèle au côté, soit la forme d'une pyramide à base rectangle allongée parallèlement au côté, dont deux faces sont, par conséquent, plus développées que les deux autres.

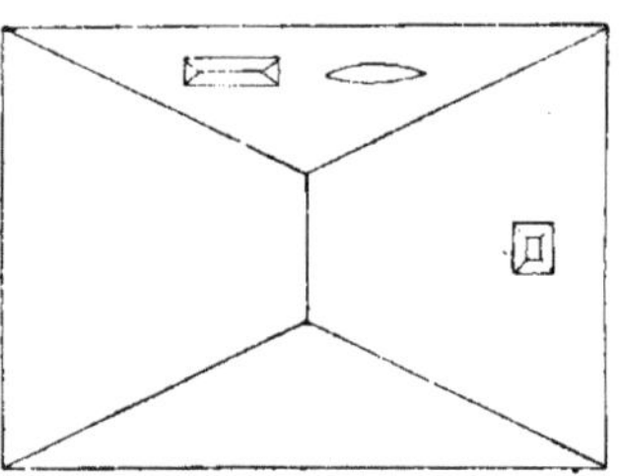

Fig. 12.

Une section tangente à une arête du cube coupe deux pyramides parallèlement à leur axe optique et deux autres suivant une direction à 45° de cet axe (*fig.* 12). Or, sur les deux premieres, les figures de corrosion présentent la même forme que dans les parties latérales de la coupe précédente; dans les deux secondes, ce sont de petites pyramides quadratiques à côtés parallèles aux côtés de la section, et dont le sommet est généralement tronqué par une facette parallèle à la base.

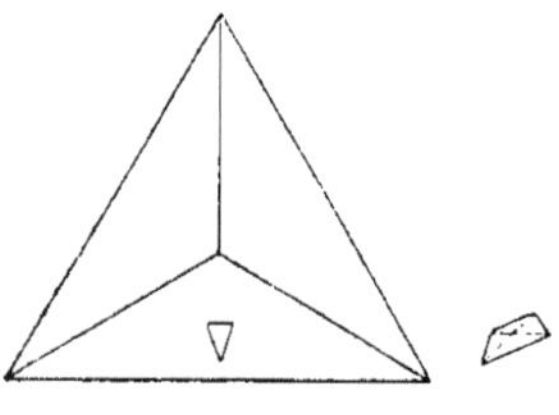

Fig. 13.

Enfin une section octaédrique, intéressant trois pyramides (*fig.* 13), montre des figures de corrosion de forme tétraédrique, dont la base, triangle isocèle, a un angle très aigu dirigé vers le côté de la section correspondant et la base opposée parallèle à ce côté.

Tous ces résultats concourent donc à montrer que les éléments de symétrie de ces pyramides sont Λ^4, $2\Lambda^2$, $2L^2$, C, 2P, 2II, II, les éléments de symétrie du système réticulaire étant $3\Lambda^4$, $4L^3$, $6L^2$, C, 6P, 3II. Ces pyramides sont donc maclées au nombre de $\frac{48}{16} = 3$; leurs arêtes coïncident avec les axes ternaires déficients, et la face dominante est perpendiculaire sur l'élément de symétrie d'ordre le plus élevé, c'est-à-dire sur l'axe quaternaire.

Ces trois exemples, qui nous montrent la répartition symétrique de la matière autour d'éléments différents du système réticulaire, suffiront, je l'espère, pour bien faire comprendre la portée des idées développées dans les paragraphes précédents et pour établir d'une façon définitive qu'il n'y a pas, en réalité, d'anomalies optiques ; ces soi-disant anomalies résultaient simplement d'une convention tout à fait arbitraire sur le degré de symétrie que peut présenter un cristal ayant un système réticulaire donné.

Tours. — Imprimerie DESLIS FRÈRES.

www.ingramcontent.com/pod-product-compliance
Ingram Content Group UK Ltd.
Pitfield, Milton Keynes, MK11 3LW, UK
UKHW022126260726
13993UKWH00003B/1254

9 782329 463896